動物のもつ倫理的な重み

最小主義から考える動物倫理

久保田さゆり

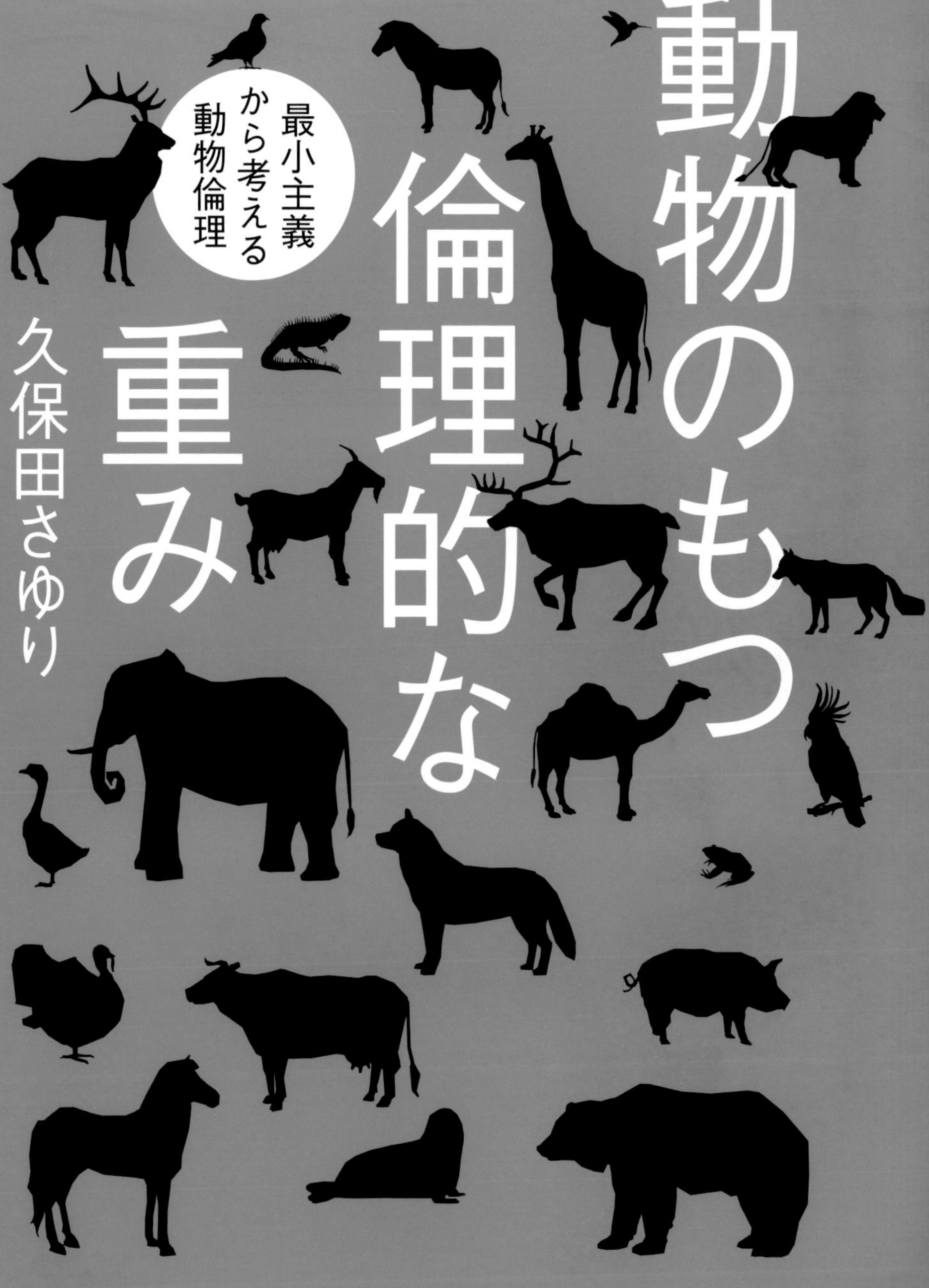

勁草書房

序　論

本書の目的は、動物倫理の営みについて、実践的な成功を目指すためにどのような議論がなされるべきかという観点と、そもそも倫理をめぐる議論とはどのようなものであるべきかという観点から検討し、動物倫理の議論のひとつの方向性を描くことである。実践的成功というのは、単純化して述べれば、動物倫理の議論を通して——それを実際に読み、考え、検討し、自身で（再）構成することで——動物にたいする人々のふるまいが変わる、ということである。そして、倫理をめぐる議論は、論理的に整理された論証を提示するだけでなく、そうした役割を担えるものでなければならないはずである。本書を通して描かれる方向性は、動物について私たちがすでにもっている理解を明確にし、その理解を精査したうえで論証の出発点にし、そこから何が導かれるのかを適切に提示する、というものになる。このようにシンプルに述べうる議論に書籍一冊分を費やすことの動機と、本書の特徴をまず素描しておきたい。

倫理学の議論の多くは、その関心の中心を人間に向けている。それは当然だろう、考えるべきは人間のことであって、動物が倫理的な重要性をもちうるなどという考えを真剣に受けとることはできない——そのように思う人もいるかもしれない。しかし、後に繰り返し述べるように、そのように思う人の多くも、動物には、私たちの倫理的配慮を誘発するような「何か」があるということをすでに知っているはずである。動物が単なる物体とは異なること、そしてその異なり方が、私たちのふるまいのもつ倫理的な側面に違いを与えうるものであることを、私たちはすでに知っている。怒りを壁にぶつけても何も問題はないが、怒りを子猫にぶつければ、私たちはそこに道徳的な評価が関係する問題があるとみなす。私たちが自覚していないのは、それが本当に意味することである。私たちの倫理的配慮を要請する、動物がもつ「何か」の重要性を改めて明示すること、その「何か」によって私たちにどのようなことが求められることになるのかを整理して明らかにすること、そしてその「何か」に応答することの重要性を示すことが、私の考えでは、動物倫理が取り組むべき主要な仕事である。

本書で特に注目するのは、動物がもつ豊かな内面と、野生動物、家畜動物、ペット動物といったそれぞれの動物との間に人間が結ぶ関係の違いである。動物がそれらの特徴——動物にある「何か」——をもつと認識されたなら、私たちに要請されるのはどのようなことなのか特定することができる。そしてそれによって、動物への配慮を論じる議論としてどのようなものが必要なのかを明らかにしていく。

動物がもつ豊かな内面は、動物倫理の議論において、これまで中心的な位置づけを与えられずにきたように見える。動物倫理の多くの議論では、動物が痛みを感じる存在であることが強調される。確かに、そうした議論には大きな利点がある。痛みのもつ道徳的な重要性は、それを否定するほうが困難であること、そして、科学的・実証的な仕方で動物の痛みの存在に説得力をもたせることが可能だということである。そして、動物が痛みを感じる存在であると強調することは、動物にたいして何をなすべきでないかを論じるために必要であり、動物への配慮を主張する議論の不可欠な部分である。しかし本書で論じるように、それだけでは一面しかとらえることができない。私たちは、人間についても、倫理的に重要なものとして、その苦痛だけを見ているわけではない。相手がいだきうる喜び、興奮、充足感といったポジティブなものもまた、その相手にたいして何をなすべきかを考える際に考慮されるはずである。本書で特に注目したいのは、こうした要素を考慮に入れることで、動物とのより適切な関わり方をとらえられる、ということである。

それぞれの種類の動物にたいして人間が結ぶ関係の違いもまた、動物倫理の議論においてはあまり重視されてこなかったと言える。本書ではこの点にも注目したい。つまり、私たちが野生動物、家畜動物、ペット動物などのそれぞれの動物をどのような動物として理解しているか、という点である。私たちの多くは、一方で、動物について、私たちの〈自由になるもの〉、何らかの意味で私たちに〈利用されるもの〉という見方をもっている。特に家畜動物に関しては、多くの人が、最終的に私たちによって〈食べられるもの〉であるということを当然のこととしているように見える。そうした見方によって、動物の殺害そのものを問題としない考えのほうに、暗黙の裡に説得力を感じやすくなる可能性もある。他方で、たとえばペット動物との間には、動物の生存や健康を気づかう——殺害や利用など頭をよぎることさえない——関係が築かれると多くの人が考えている。本書では、動物にたいするそのような対照的な理解を明確化して整理する。それによって、両者の間に想定されがちな区別を揺るがすための議論を展開することを目指す。

もしかすると、ペット動物のような存在は特殊であって、ペット動物との間に成立しうるそうした理解が他の動物にたいする倫理的配慮へと広がることにはなりそうにないと考える人もいるかもしれない。たとえば、ペット動物にたいする愛護を強調しているにもかかわらず、毎日のように肉を食べ、実験に使われる動物には気を配らない人もいるだろう。むしろ、動物愛護家にたいする典型的な——少なくとも一昔前の——イメージはそういったものであるとさえ言えるかもしれない[1]。しかし、倫理的配慮の対象となっている身近な存在と類比的にとらえることによって、他の存在を配慮するよう動機づけられるということは、ごく普通のことである。たとえば私たちは、見知らぬ高齢の人にたいして、その人も——自分自身は高齢者ではないので、その人のあり方を実感することはできないとしても——

自分の祖父母と同様に、何か楽しいことがあったら胸をときめかせ、新しいものに好奇心を覚え、わくわくしたりびっくりしたりするのだと理解することで、その人の倫理的な重みを感じるというプロセスを経ることがある。同様に、自分の身近なペットが見せる喜びや期待、人間への信頼など、さまざまな内面的な能力を知る人は、それと同じものが家畜動物のなかにもありうること、そしてそれゆえ、そういった性質をもつ存在との関係、つまり、自分のペットとの関係と似た関係を家畜動物との間にも築くことが可能だということを理解しうる。それは、家畜動物のもつ倫理的な重みを理解することにつながる。本書において強調したいのは、動物におけるそういった連関を明らかにして示すこと、つまり、何がペットとの関係を重要なものにしているのかを明らかにし、それが家畜動物の場合と倫理的に重要な差異がないことを明らかにしていくことも倫理学者がすべきことの重要な一部だ、ということである。

　動物のもつ重要な性質が理解され、その倫理的な重みがひとたび認識されれば、動物が倫理的な配慮の対象であることは当然の事柄になりうる。そうした段階を経てはじめて、動物倫理の議論は、人間をめぐる倫理的議論と同等の土台に立つことができるようになるだろう。つまり、その段階を経てはじめて、配慮すべき存在をめぐるさまざまな状況にどのように対応すべきかを論じることができるようになる。たとえば野生動物との共生の問題や外来生物がもたらす問題などのさまざまな現実的問題にたいして明確な答えを提供できないのだから、動物倫理などというのは、あやふやで話にならないと考える人もいるかもしれない。しかし、動物の倫理的な重みが理解されるという段階が欠けていることをふまえれば、こうした考えが的外れであることが分かるだろう。そのような問題は、動物倫理における応用的な問題なのであり、それは、人間をめぐる問題を論じる応用倫理の諸難問と同様である。たとえば、難民をめぐる問題に明確な指針を与えられなくても、その問題は依然として本当の答えるべき難しい課題なのである。それに明快な答えを提供できないとしても、そのことをもって、人間をめぐる倫理自体が揺らぐわけではない。

これは、倫理とは何かという根本的な問いにもつながっている。私は、動物倫理を単に応用倫理の一分野としてとらえるべきではないと考える。動物倫理の議論は、それがどのようなものであるべきかを論じることから始めなければならない。こうした関心に基づき、本書は、特定の規範倫理の理論を特定の問題に応用するというアプローチをとらない。動物倫理の議論は、功利主義や義務論など、特定の倫理理論の応用という形で主になされてきたが、本書では、倫理理論と独立の基礎的な倫理的理解と、適切な動物理解という土台によって、動物への配慮の必要性を論じる。それは、本書の目的が、動物への配慮の必要性を、有無を言わさぬものとして外的な強制力を伴って確立することにあるというよりも、個々人の動物理解をより適切なものに向けかえたり、その一貫性に訴えたりすることで、すでに自分自身のなかにあるものとしての動物への配慮の必要性に気づくという内的な変化をもたらすことにあるからである。そして本書で示すそうした動物理解は、実際のところ、どの倫理理論においても重視されるものでもある。

今述べたことと関係する点として、補足をしておきたい。本書は、動物にたいする倫理的配慮が当然のものとなっていない現状において、人々に受けいれられやすい議論を提示することを狙いにしている。そして、特定の倫理理論に基づく既存の体系的な議論にたいして、現状で受けいれられにくいということを難点として指摘もしている。こうした論じ方の背景には、先述のように、倫理学の議論が、その理解や再構成を通して、人々が自身の信念を実際に変えることと不可分だという考えがある。つまり本書では、議論の内容——前提の真偽や妥当性など——からすれば外在的な、議論を受けとる人々の心理などの背景をも考慮に入れて、動物倫理の議論を提示したいと思っている。こうした作業を十全に行うには、私たちが動物についてもつ信念にたいして、それがどのように形成されたかという経緯や、私たちの信念に暗黙に影響を与えている文化的・社会的な背景なども考慮にいれる必要があるかもしれない。実際、動物の倫理的扱いをめぐって、そうした論じ方も展開されるようになっている。[2] 本書ではそうした取り組みを検討の範囲には入れていない。しかしながら、本書の狙いは、あくまで倫理学の「議論」を提示するという範囲のなかで、相当程度、達成できるのではないかと考えている。特に、人々のもつ信念の向きを変えるために言葉で語ることが「議論」の一部になるということを、本書で示したいと思う。

以上のような問題意識をふまえ、本書では、動物がもつ豊かな内面と、さまざまな動物と人間がそれぞれに結ぶ関係の違いとを考慮に入れることで、理性に訴えながらも理論ベースではない、現実的で、理論的にシンプルな、その意味で「最小主義《ミニマリズム》」的な動物倫理のアプローチを探究する。

具体的には、第1章で、動物倫理における主要な立場とされてきた功利主義と義務論による議論を参照し、そうした議論が、動物についての理解に偏りがある現状において抱える課題を明らかにする。そのうえで、本書でどのような議論を目指すのか、方向性をまとめる。第1章で見る両立場は代表的な規範倫理の枠組みではあるが、動物倫理の取り組みはそれらに依るものに尽きない。第2章では、人間にとって動物がどのような存在であるかという私たちの理解に注目する立場であり、動物にたいする積極的な関与について論じうる枠組みとして、徳倫理やニーズ論の議論を参照する。そして第3章で、動物のもつ倫理的な重みについて、それまでに見た特定の倫理理論の枠組みから離れて、倫理的に重要なものとして、動物のもつどのような特徴を挙げることができるかを検討する。そこでは特に、動物がもつ豊かな内面に着目する。それにより、苦痛に注目してきたこれまでの動物倫理の議論においてはとらえにくい、動物との倫理的な関係のあり方を指摘する。第4章では、〈豊かな内面をもつ存在〉であるという動物理解を人々が真剣に受けいれることにつながりうる見方として、ペット動物を助けるために活動する人々のもつ動物理解と、動物の生や人間と動物の関係を描く文学作品に注目する。大まかに分ければ、ここまでが、私たちが受けいれているはずの動物理解を明確にする作業である。それをふまえて、私たちの動物理解を精査し、そこから倫理的な要請として何が導かれるかを論じる作業に進む。

第5章では、特定の規範倫理理論に基づかない最小主義的な立場をとるT・ザミールの議論を詳しく見る。併せて、ザミールの議論に不足していると思われる点を指摘する。それは特に、動物が、野生動物や家畜動物、そしてペット動物という別々のあり方をしているという事実を反映した議論になっていない、という点である。第6章で、そうした点も盛り込む議論を展開する可能性を探究する。特に、家畜動物やペット動物という家畜化された動物にたいして、人間が特別の責務をもつ可能性を検討する。それを通して、さまざまな動物をどのような存在として理解することがふさわしいのかということが、動物倫理において重要な論点であることを示す。そしてそのうえで、ペット動物をめぐって現実に生じている問題や、動物園での動物飼育をめぐる問題について、本書のアプローチに基づいてどのように論じることになるかを検討する。最後に、第7章では、動物をめぐる実際の法的規制の変化が目指されるとしたら、それはどのような道筋をとりうるか、そしてそのなかで倫理学の議論はどのような役割を果たしうるか、本書のアプローチに基づいて検討する。

注

1　Herzog 2010.

2　たとえば、社会心理学者であるM・ジョイは、動物にたいして私たちが相反する信念をもちながら、動物が大事な存在だという信念を覆い隠す心理的・社会的なメカニズムが存在するとして、それを「肉食主義（カーニズム）」と名づけて批判的に指摘している（Joy 2020）。ジョイの見解については、久保田 2022 で論じている。

Book review

DECEMBER 2024

10月の新刊

勁草書房
〒112－0005 東京都文京区水道 2－1－1
営業部 03－3814－6861 FAX 03－3814－6854
ホームページでも情報発信中。ぜひご覧ください。
https://www.keisoshobo.co.jp

〈つながり〉のリベラリズム
規範的関係の理論

野崎亜紀子

「個人に閉じた自由」は「自由な社会」を構築しない。生と死に直面し〈向き合ってしまった関係〉から構想する関係性の法理論へ。

A5 判上製 272 頁　定価 5500 円
ISBN978-4-326-10343-0

ムーミンの哲学　新装版

瀬戸一夫

刊行から20年超、好評を博してきた入門書を新装刊行。『ムーミン』の8つのエピソードが織りなす西洋哲学の旅。メルヘンの深層へ。

四六判上製 272 頁　定価 3080 円
ISBN978-4-326-15490-6

〈沖縄学〉の認識論的条件
人間科学の系譜と帝国・植民地主義

徳田 匡

「台湾有事」は抑止できるか
日本がとるべき戦略とは

松田康博・福田 円・

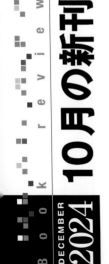

Book review

勁草書房

DECEMBER
2024

https://www.keisoshobo.co.jp

10月の新刊

異文化コミュニケーション入門
ことばと文化の共感力

宮津多美子

多様性の時代に、異なる文化的背景をもつ人と交流するときに必要な、相手への共感力、普遍的な人間性を理解する力を身に付ける。

A5 判並製 288 頁　定価 2970 円
ISBN978-4-326-60376-3

明治の芸術論争
アートワールド維新

西村清和

明治時代の芸術論争分析を通じ、作品に「芸術」の身分を授与するディスクール＝「アートワールド」が日本に形成される過程を素描。

A5 判上製 308 頁　定価 4950 円
ISBN978-4-326-80066-7

10月の重

新装版
アブダクション
仮説と発見の論理
米盛裕二

科学的発見や創造

民主主義を学習する
教育・生涯学習・シティズンシップ
ガート・ビースタ 著
上野正道・藤井佳世・
中村(新井)清二 訳

民主主義の学習と

バイリンガルの世界へようこそ
複数の言語を話すということ
フランソワ・グロジャン 著
西山教行 監訳／石丸久美子・
大山万容・杉山香織 訳

幼い頃からの訓練

明らかにする。

A5 判上製 432 頁　定価 7700 円

ISBN978-4-326-20067-2

四六判上製 336 頁　定価 3300 円

ISBN978-4-326-35193-0

重点解説　不正競争防止法の実務

岸 慶憲・小林正和・小松香織・相良由里子・佐竹勝一・外村玲子・西村英和・山本飛翔 著

これ1冊で、不競法の"使いどころ"がよくわかる。適用可能な場面ごとに、基礎から実務の重要ポイントまでコンパクトに解説。

A5 判並製 280 頁　定価 3850 円

ISBN978-4-326-40439-1

経済発展の曼荼羅

浅沼信爾・小浜裕久 著

開発経済学の中心をなす重要な概念である経済発展の展開、成功、挫折等々に果たす経済成長の要因や問題点を総合的に考察する。

A5 判上製 304 頁　定価 4400 円

ISBN978-4-326-50504-3

公教育における運営と統制の実証分析

「可視化」「分権化」「準市場化」の意義と課題

田中宏樹

日本の公教育における運営と統制の改善に資する政策選択は何か。本書はこの政策課題を議論・判断する論拠を提示する。

A5 判上製 192 頁　定価 4400 円

ISBN978-4-326-50505-0

日本の分断はどこにあるのか

スマートニュース・メディア価値観全国調査から検証する

池田謙一・前田幸男・山脇岳志 編著

分断の激化が叫ばれるアメリカ。では、日本はどうか。変化するメディア接触との関連は？　調査データから日本の「分断」が見えてくる！

A5 判並製 296 頁　定価 4290 円

ISBN978-4-326-60375-6

目次

第1章　動物倫理の議論

第1節　動物をめぐる現状と動物倫理の課題

1

動物にたいして私たち人間がなす行為が倫理的な問題となりうるということを、本気で否定する人はいるだろうか。動物にたいして何をなすのも人間の自由であり、何一つ制約など加えられるべきではない、道端の石を蹴飛ばすのも、子猫を蹴飛ばすのも、何の違いもないと考える人はいるだろうか。おそらく、そのような人はほとんどいない。動物虐待が法的にも倫理的にも問題視されるように、動物にたいする行為が倫理的な評価の対象となりうるということを、大部分の人が多かれ少なかれ認めているだろう。しかもそうした行為は、たとえば、その子猫を飼っている人間の財産を傷つけたという理由で問題になっているわけではない。その子猫に飼い主がいようといまいと、子猫を蹴飛ばしたその行為自体が、子猫を傷つけ、恐怖や苦痛を与えるという理由で、倫理的な問題となるのである。私たちが、動物について、単なる物体とは違い、なんらかの倫理的な重みをもつ存在とみなしているということは否定しがたいと考えられる。

しかし、現状においては、人間の行為や制度が数多くの動物を苦しめたり、動物の利害と衝突したりする事態が生じている。たとえば、ペット動物は、人々が倫理的な関心を向けるもっとも典型的な存在であるように見えるかもしれない。だがその一方で、ペットショップで販売される動物は、かわいさで客を引きつけるために幼齢の犬や猫が親から引き離されたり、人気のある品種を多く販売するために母体に多大な負担をかけて子犬や子猫が生産されたりする。そのあげくに、売れ残りとなってしまった犬や猫が最終的に殺されてしまうなど、私たちの目には触れにくいところで多くの動物が犠牲になっている。[2] また、各家庭で飼育されている動物についても、虐待の問題のほかに、飼い主に遺棄された犬や猫、飼い主が行政に持ちこんだ犬や猫などが、かなりの減少傾向にあるとはいえ、いまだに、二〇二二年度で一万頭以上殺処分されている。[3] 家畜動物に関しては、集約型の畜産方式における扱いが問題となっている。[4] 均一化された大量の畜産物を効率的に生みだすことを目的とした施設のなかで、牛や豚、鶏などが「工場畜産(factory farming)」と呼ばれるような過密状態に置かれ、過剰な栄養を与えられ、さまざまな病気や怪我に苦しんだり、常同行動を発したりしたうえで、数か月で出荷されていくという状況も認識されるようになってきただろう。[5] 野生動物に関しては、人間の住む地域に動物が現れ、農作物に被害をもたらしたり直接人間に危害を及ぼしたりする状況があり、そうした動物にたいして、駆除という方策がとられることもある。[6]

近年では、こうした状況を問題視する動きが生じており、市民による保護活動や、それにたいする行政的対応、法律の整備など、さまざまな方向から現状を変えようという試みがなされている。[7] たとえば、打越綾子は『日本の動物政策』において、ペット動物（愛玩動物）、野生動物、実験動物、動物園動物、家畜動物（畜産動物）のそれぞれの現状にたいして、どのような政策的、法的な改善が目指されているか、それに市民がどのように関わっているか、そして改善のための課題が何であるかについて、体系的に論じている。たとえば、野生動物による被害に関しては、野生動物の保護を主張する人々と、被害を経験し、野生動物の駆除を求める住民とが対立するという状況が生じている。

しかし、野生動物対策に関する啓発活動や、地域住民の意識調査とその報告などを通して地域の合意形成を図っていくことで、地域住民のなかにも、野生動物も必死に生きているのであるから、ひたすらに駆除を求めるのではなく、共存の道を探ろうとする流れが生じているという[8]。

こうした問題が、とりわけ倫理的な問題として注目されるようになったのは、比較的最近のことかもしれない。しかし、それでも、人間が人間だけの都合で動物を自由にすることにたいする疑念が生じてきており、そうした疑念を社会的に共有し、法にも反映させようとする動きの勢いが徐々に大きくなっているのは確かである。

他方で、動物にたいして、私たち人間は動物を使わざるをえないのだという理解がしばしば示されてきた。私たちは動物の肉を食べ、動物の毛皮や革を使い、動物実験を経た製品を用いるなど、動物を犠牲にすることで生きているのであり、それは避けられないことだという考えや、私たちにできるのは、そうした立場にある動物が生きている間は快適な生を送れるようにすることぐらいだ、という考え方である。たとえば森達也は『いのちの食べかた』で次のように述べている[9]。

> 僕らは生きるために、ほかの「いのち」を犠牲にするしかない。「いのち」はそのように生まれついた。僕たちはそうやってほかの「いのち」を犠牲にしながら、おいしいものを食べ、暖かい家に住み、快適で便利な生活を目指してきた。
>
> その営みを僕は否定する気はない。でもならば、せめてほかの「いのち」を犠牲にしていることを、ぼくらはもっと知るべきだ。

また、先に挙げた『日本の動物政策』においても、次のように述べられている。[10]

なかには、厳格なベジタリアンとしての食生活を守っているという人もいよう。それでも結局、身の回りには革製品の日用品や家具が溢れている。そもそも私たちは誰もが、両親や祖父母が肉を食べて生きてきたなかで産み落とされた存在である。そして、自分の子供（あるいは自分自身の子供でなくても未来を担う多くの子供）も肉を食べて成長し、彼らに自らの生命や暮らしを支えてもらう日がやって来る。現時点でも、自分の友人や配偶者や仕事の同僚が肉を食べていて、その人々との支え合いのなかで共に人間社会で生きている。そうした意味で、我々は誰もが、動物を利用し、犠牲にしている人間社会の一員である事実からは逃れようがない。

今までもこれからも、我々人間が肉を食べていく習性が衰退することはあるまい。つまり、動物たちを屠畜していく現実からは逃れられない。であるならば、せめて生前の畜産動物の一生について少し想像力を広げて考えてみてもよいのではないだろうか。〔……〕そして、犠牲になってきた動物への感謝の気持ちと、生前にどうすれば畜産動物の一生が少しでも快適になるか、それを考える消費者になるべきではないだろうか。

これらは、動物への配慮や保護という考えにたいしてむしろ肯定的であるような人ですらもつような一般的な考えであるように思われる。打越の主眼は、現在ある法制度という枠組みのなかで動物保護の拡充について論じることにある。そのことからすれば当然かもしれないが、ここには、動物の死自体を問題にし、動物が大量に殺され続ける現状を、人間全体の問題とみなして変えていこうとする動物倫理の関心は反映されていない。つまり、ここでは、動物が生きている間に快適な生を送れるようにするということが、動物にたいする倫理的な扱いとして可能な最善の形だと想定されていると言える。確かに、動物を単に私たちの利益に資するためだけの存在とみなして、その生がどのようなものであるかを一切考慮せず、動物に苦痛を課すというあり方と比べれば、生きている間の動物の生をよりよい状態にしようとする考えは、動物への倫理的な配慮の必要性に一定程度は目を向けるものであるだろう。その意味では、こうした考えは、動物にたいして倫理的な配慮が必要だということをすでに当然のこととみなしている人々のもつ考えと言えるかもしれない。しかし、動物について、その生のあり方が倫理的な問題になるような存在であると認め、それを認めることが私たちの態度やふるまいにたいしてもつ意味を真剣に考えたとき、そうした存在が殺されるということの是非を問い直さないでいることなどできるだろうか。本書を通して論じていくように、死によって奪われるのは、まさに、自分がよいものにしようと気遣っていたはずの、その動物のよき生なのである。なぜ、現行の実践をそのままに、そのなかで動物の状況をよりよくするということにとどまるのだろうか。それは、動物の生のもつ倫理的な重みについて、結局のところ真剣には受けとっていない、ということなのだろうか。そうではなく、真剣に受けとってはいるものの、そうした実践そのものを変えていくという可能性の検討に進んでいないということなのだろうか。そうだとすれば、その思考の行く道を塞いでいるものは何なのだろうか。

確かに、動物をめぐる私たちの理解は、ときに矛盾しているように見える。一方では、犬や猫などのペット動物は愛護の対象とされ、家族のように大切にされているものもいる。ペット動物を虐待したり食べたりといった行為は、非難の対象にもなる。他方で、牛や豚や鶏といった家畜動物は、多くの場合、厳しい環境下でその短い生を送り、人間が食べるために殺されるのが当然だとみなされている。[11]

しかし、私たちの現在の態度や理解にさしあたって矛盾があるとしても、そのことは、動物が倫理的に配慮されるべきであるという考えが取るに足らないものだということや、そうした矛盾は逃れがたい仕方のないものだと諦めるべきだということを意味するわけではもちろんない。私たちは、自身のもつ信念を無批判にそのまま保持するしかないわけではなく、それらを吟味して、変えることができるからである。つまり、私たちがもつ理解や信念のなかには、無批判に受けいれているだけのものや、正当性のある他の信念と一貫して保持することが困難なものもある。どのような信念や理解が維持されるべきものであるのかを検討しながらその矛盾を解きほぐしていくことは可能なのである。動物の倫理的な重みとその重みがもつ意味について、私たちの実際の理解や態度に矛盾があるならば、動物の扱いや動物自身をめぐって私たちがもっている理解を吟味し、その正当性を検討していく必要がある。本書で目指すのは、私たちが自身の理解や信念を吟味にさらし、揺るがしながら、動物倫理の議論を真剣に受けとめ、自身で再構成することで、動物の倫理的な重みをめぐる理解をより適切な方向へと向けかえることができる議論を提示することである。

以下ではまず、動物倫理の議論を牽引してきたと言える、功利主義および義務論に基づく議論を概観する。そのうえで、それらの議論が共通にもつ特徴を取り出して明確化する。そして、そうした特徴ゆえにそれらの議論がもつと考えられるいくつかの問題点を、特に先に挙げた、動物をめぐる理解を吟味し向けかえていくという論点を念頭におきながら提示する。最後に、それらをふまえ、動物倫理がどのような議論を目指すべきであり、そのためにはどのような観点が必要とされるのかを検討し、本書で提案するアプローチの概要を示す。

第２節　功利主義の議論

まず、功利主義者であるＰ・シンガーの議論をまとめる。シンガーは「利害にたいする平等な配慮」という原則から動物への配慮の必要性が導かれると主張する。利害にたいする平等な配慮とは、利害は誰の利害であっても、等しく利害と考え、自分の行為によって影響を受ける者の利害に、等しい重みを置くことである。倫理は普遍化可能な判断に達することを要求するとシンガーは考えるため、個人の利害や特定の集団の利害といった視点を越え、影響を受けるすべての対象の利害を、等しいものとして考慮しなければならない。ここで言う普遍化可能性とは、特定の倫理的判断をどのような状況でも適用できねばならないということではない。自分の好き嫌いによって倫理的判断が左右されたり、自分の利害を自分の利害だからと言って他者の利害よりも重く見積もったりせず、公平な立場から倫理的判断を下すことができねばならないということである。[12]そのようにどの存在の利害も等しく数えたうえで、それらの利害を最大化する行為が倫理的に正しい行為ということになる。

シンガーは、ある存在の利害に配慮すべきかを決める唯一の妥当な判断基準を、その存在が、苦痛を感じる、あるいは快や幸福を感じることだと主張する。ある特定の種に属することや、知的能力や道徳的人格、合理性を所有するといったことは、その存在が利害をもつこと自体には影響を与えない。重要なのは、利害をもつために必要な快苦を感じることができるかどうかである。合理性やある特定のレベルの知的能力をもたないからといって、そのものの持つ利害を軽視してもいいということにはならない。つまり、利害にたいする平等な配慮の原則に従えば、「他人の利害を考慮しようとする際には、その人が利害を持っているという特徴のみを考えるべきであって、その人が持っている能力とか他の特徴に左右されてはならない」[13]のである。この原則から分かるように、行為者とその行為の影響を受ける者とがどのような関係を結んでいるかということが、倫理的な配慮の対象になるかどうかということに影響を及ぼすことは許されない。

以上の前提のもと、シンガーは動物について論じる。動物は、快苦を感じうる存在である。快苦を感じうるということは、利害をもちうる存在であるということである。ということは、利害にたいする平等な配慮の原則に基づけば、人間の利害だけでなく、動物の利害にも等しく倫理的な配慮が必要だということになる。もし、利害をもちうる存在であるにもかかわらず、知的能力や種の違いなどを理由に、その利害に配慮しないとすれば、それは、まさに人種差別や性差別と同じこと――すなわち「種差別（speciesism）」[14]――をしていると言える。ある人々が自分と同じ人種ではないからといって、その利害を軽視することは許されない。それと同様に、ある存在（人間以外の動物）が自分と同じ種ではないからといって、その存在を奴隷扱いすることは許されないし、ある人々の知的能力が自分よりも低いからといって、その人々を奴隷扱いすることは許されないし、ある存在の知的能力が自分よりも低いからといって、その利害を軽視することは許されない。重要なのは、種の違いや知的な能力の差などではなく、快苦を感じるかどうかである。

もちろん、その存在の利害に配慮した結果、どのような行為を選ぶことになるかは、対象がどのような存在であるかによって左右される。たとえば、誰かを蔑む場合、もし相手が自尊心をもつ存在である人間であったとすれば、蔑まれることは、その人にとって苦痛である。そのため、その人を蔑むことについては、そうすべきでない可能性を真剣に考える必要がある。一方、相手がネズミであるとすれば、ネズミ自身の利害に配慮しても、蔑まれること自体はネズミ自身にとって苦痛にはなりえない（もちろん、蔑むことに伴って乱暴な扱いをするようなことがあれば別である）。そのため、ネズミを蔑むべきでない可能性それ自体は、真剣な考慮の対象にならない。何が苦痛となり何が快となるかは、対象によって異なる。しかし、ここで大切なのは、快苦を感じうる存在にたいしては、その行為がその利害に関わる可能性をいったん考慮するということである。シンガーは次のように述べる。「もしある当事者が苦しむならば、その苦しみを考慮に入れることを拒否することは、道徳的に正当化できない。当事者がどんな生きものであろうと、平等の原則は、その苦しみが他の生きものの同様な苦しみと同等に――苦しみのおおよその比較が成り立ちうる限りにおいて――考慮を与えられることを要求するのである」[15]。

以上の議論により、シンガーは、動物の快苦についても、幸福の最大化のための計算対象として等しく考慮に入れなければならないと主張する。しかし、動物の快苦について考えるとき、何がその存在の利害になるのか、加えて、死がその存在の害になりうるのかが問題になる。

シンガーはまず、動物が苦痛を感じるかという根本的な問題については、行動上の兆候、神経系の類似（模倣ではない仕方での類似）、感覚に関係する脳の部位の存在といった経験的な事実から、多くの動物は苦痛を感じると結論する。それらでは本当に動物が苦痛を感じているかは分からないと言いたくなる人もいるかもしれないが、そもそも他者の苦痛の存在を証明するのは困難であり、シンガーに言わせれば「もし私たちが他の人間が苦痛を感じることを疑わないならば、他の動物が苦痛を感じるということも疑うべきではない」[16]。次に、何がその存在にとって苦痛になるかについては、その存在のもつ能力によって異なる可能性がある。先に述べたように、自尊心や一定の知的能力をもつ存在にとっては苦痛となることが、動物には苦痛でない場合もあれば、正常な成人には苦痛にならないことが、動物にとっては苦痛になる場合もある。このとき、異なる動物の種類や異なる個体間での苦痛の比較を正確に行うことが必要だとシンガーは主張しない。その行為をすることによって、動物が些末でない苦痛を明らかに被り、その行為をしないことによって、人間の利益が大きく損なわれるわけではないことがかなり確実である場合に限ってその行為をやめるだけでも、私たちの動物への扱い方を根本的に変えざるをえなくなるとシンガーは考える[17]。たとえばシンガーは、工場畜産は許容されないと主張する。というのも、工場畜産において家畜は、多大な苦痛のなかで飼育され、多大な苦痛を伴う仕方で屠殺されている。そしてそれから得られるものは、肉以外の食べ物から十分な栄養をとれるはずである人間の味覚の満足という比較的重要度の低い快だと言える。[18] そうであるならば、私たちの味覚の満足のために、苦痛を感じる動物を苦痛のなかで飼育し苦痛を与えながら殺すことは、利害への平等な配慮という原則からして許容できないのである。

ではシンガーは、動物の死についてどう考えているのだろうか。シンガーは、人間であれ人間以外の動物であれ、苦しみや幸福を感じる能力があればそこには利害が存在し、その利害にたいする平等な配慮に値することになると主張する。しかし、生命の価値、殺すことの不正については、異なる議論が展開される。シンガーは、「人間の生命の神聖性」という考え方を批判的に検討する。[19] ここでの「人間」は、「ホモ・サピエンスという種の構成員」という生物学的意味での人間と、理性的で自己意識のある存在である「人格（person）」としての人間に区別される。そして、生物学的事実は、道徳的には重要なものではないのだから、生物学的事実のみに基づいてその存在がもつ生命の価値に優劣をつけるのは、人種差別と同じである、とシンガーは考える。一方、「人格」がもつ生命の価値については、単に感覚をもつだけの生命をこえた独自の価値をもっているという考えに肯定的な立場をとる。シンガーによれば、こうした考えは、古典的功利主義、選好功利主義、自我論、そして自律の尊重という異なる複数の論拠によって支持される。

まず、古典的功利主義による人格の殺害の禁止は、間接的理由に基づいている。古典的功利主義とは、計算対象とする利害を快楽と定める功利主義である。つまり、人格は自己についての概念をもち自分の存続や消滅の可能性を知っているため、人格の殺害が禁止されていないことは、人格の不安を高め、幸福の減少をもたらすという理由による。次に、個々の個体の選好の充足・阻害を利害と定める選好功利主義の立場では、どんな存在であれ、その存在のもっとも望んだ選択肢が実現されることが幸福の量を増大させるとされるため、その存在の選好に反する行為をすることは、多くの場合、道徳的に不正であるとされる。殺害が不正であるのは、その存在の生き続けたいという選好を阻害することになるからである。この立場では、人格以外の存在者の生命を奪うことよりも、自分自身について将来をもつものと考え、生き続けることを望み、多くの長期的選好をもつような存在である人格の生命を奪うことのほうが不正であるとされる。

加えてシンガーは、M・トゥーリーがその代表的論者とされる自我論[20]も参照する。この見解によれば、死は、時間を通じて持続する自我という概念をもったことのない存在にとって利益に反するものではなく、持続することは、持続する自我の概念を一度ももったことのない存在にとって、利益にならない。したがって、生きる権利をもつためには、自分が持続的存在であるという概念をもっている、あるいは、少なくともあるときにもったことがある必要があるということになる。最後に、自律の尊重という考え方からも、人格の生命が独自の価値をもつという立場は支持されるという。死ぬことと生き続けることの違いを知っている存在のみが、自律的にどちらかを選択することができ、死ぬことを選択していない自律的存在を殺すことは、その存在の自律を尊重していないことになり不正であると言えるからである。

以上の論拠を示したうえで、シンガーは、人格の殺害は、人格でない者の殺害よりも悪いと結論する。そのうえで、人間だけでなく、人間以外の動物のなかにも人格であるような存在がいると主張する[21]。人格の生命を奪うことが悪であるとするならば、人格である動物の生命を奪うことも同様に悪いと考えるほかない。しかし、一方で、感覚能力はもつものの人格でない存在、自己意識のない存在について、シンガーは利害の最大化の点で代替可能な存在であると論じ、その存在が苦痛なく死に、その死によって代わりの存在が生まれることになるなら、その死をもたらす行為に不正はないとする。ただし、以上の議論は、純粋に生命の価値に関する見解である。未来への願望や自己意識をもつといった能力は、確かに生命の価値についての違いをもたらすだろう。しかし、苦痛を感じることにたいして、それらの能力の有無は、何の違いももたらさない。苦痛を与えるという問題に関して考える場合は、苦痛を感じることに関わる能力以外の性質に左右されないとシンガーは主張する。

第３節　義務論の議論

動物への配慮についての主要な議論としては、功利主義的立場の他に、義務論的な立場からなされるものが挙げられる。義務論的立場に基づいて動物への配慮を論じる論者として、ここでは、T・レーガンの議論を見る。[22] レーガンが動物への配慮の義務を導く際に拠り所とするのは、尊重原理（respect principle）という道徳原理である。

まずレーガンは、道徳的行為者（moral agent）と道徳的受動者（moral patient）を区別する。[23] 道徳的行為者は、なすべきことを決定するにあたって、すべての状況を考慮して、公平な道徳的原理を適用する能力をもつ。そしてその決定をしたあかつきには、その行為を選ぶことも選ばないこともできるような行為者である。そのような行為者は、自身の行為に道徳的責任があるとされる。一方、道徳的受動者は、決定を道徳的原理に従わせることができないのはもちろん、可能な選択肢のなかで、どれが正しいか、どれが適切かを熟慮するときに道徳原理を明確に述べる（formulate）能力を欠いている。そのような存在も他者を傷つけうるが、そのときその存在は道徳的に悪いことをしているわけではない。要するに、道徳的受動者は、道徳的行為をすることができず、道徳的な責任を負うことはない。レーガンは、この道徳的受動者に、乳幼児や知的な障碍のある人、そして一部の動物が含まれると考える。道徳的行為者と道徳的受動者にはこのような違いがある。では、自身の行うことではなく、自身にたいしてなされる行為の倫理的評価に関しても、両者には違いがあることになるだろうか。この点についてレーガンは、道徳的行為者にたいする行為が、道徳的な正不正の評価の対象であるのと同様、道徳的受動者にたいしてなされる道徳的行為者による行為もまた、道徳的正不正という評価の対象となると指摘する。[24]たとえば重度の知的な障碍のある子どもについて、道徳的行為者ではないのだから虐待したり人体実験の対象にしたりしても倫理的問題はない、とは言えないだろう。このように、道徳的行為者と道徳的受動者の関係は、対称的ではない。というのも、道徳的受動者は、道徳的行為者に影響を与える道徳的行為をすることができないが、道徳的行為者は、道徳的受動者に影響を与える仕方で道徳的行為をすることができるからである。

以上をふまえ、レーガンは、尊重原理の適用基準について検討する。[25]尊重原理とは、固有の価値をもつ個（individual）はその価値を尊重するような仕方で扱われなくてはならないというものである。つまり、固有の価値をもつ存在は、敬意をもって扱われる権利をもつ。そして、道徳的行為者同様、道徳的受動者も固有の価値をもつとレーガンは考える。なぜなら固有の価値をもつ条件を道徳的受動者も満たすからである。[26]レーガンはこの条件を満たす存在を「生の主体（subject-of-a-life）」と名付ける。生の主体であるということは、単に生きていることや単に意識があることと以上のことを含む。つまり、（必ずしも言語を必要としない意味での）信念や欲求をもち、知覚や記憶の能力があり、自身の未来を含む未来の感覚があり、快苦の感覚を含む情緒的生活をおくり、選好と福利に関する利害をもち、自身の欲求や目的のために何かを始める能力をもち、通時的な心身の同一性を保ち、他人にとっての効用や利害の対象であることとは論理的に独立な自分自身にとっての福利があるような存在が、生の主体であるとされる。こういった基準を満たす存在であれば、固有の価値をもつため尊重されるべきだということになる。そして、いったん生の主体として固有の価値をもつと認められたならば、その能力の程度などにかかわらず、等しく価値をもつことになる。したがって、道徳的行為者であろうと道徳的受動者であろうと、まったく同等の価値をもつことになる。その存在の能力の差や性質、その存在が他者を益するか害するかによって、その存在のもつ価値に違いが出るということはない。それゆえ、尊重原理に従うと、固有の価値をもつとされた道徳的行為者が敬意をもって扱われる権利をもつのと同様に、固有の価値をもつとされた道徳的受動者も敬意をもって扱われる権利をもつことになる。

また、この尊重原理からは、道徳的行為者である私たちが、すべての道徳的行為者と道徳的受動者にたいして、危害を与えないという一見自明な義務（prima facie duty）を直接負うということが導かれる。[27] そしてこの義務の対象である者はすべて、害を受けることに反対する等しい一見自明の道徳的権利をもつことになる。この権利は、その害が一見自明の仕方で同種（comparable）であるならば、平等に考慮される。そのため、このときにAの権利がBやCの権利より重視されるということはない。しかし、レーガンによれば、予見可能な害が一見自明の仕方で同種であるときに、Aを害することと、BとCとDを害することと、そのすべてを害することのどれかを選ばねばならないのであれば、数が重要になり、Aを害することが選ばれる。これはAの権利を無効化する（override）ほうがよりよいということではない。そうではなく、このときに四者の平等な権利を無効化することを選ぶということは、一度だけの権利の無効化を選びうるときに、四度の権利の無効化を選ぶということである。これは、等しい権利への等しい尊重とは両立しえない。このように、等しい尊重に基づいて、権利の無効化の数を最小に抑えることをレーガンは、最小無効化原理（miniride principle）と呼ぶ。[28]

このようにレーガンは、生の主体は尊重原理の対象となると主張する。では、生の主体としての基準を満たすのは具体的にどのような存在だと考えられるのだろうか。レーガンは、生きている人間（ある時期以降の胎児を含む）はすべてこの基準を満たすとする。[29] そして他の動物については、一歳以上の正常な哺乳動物ならば少なくともこの基準を満たしていると主張する。とはいえ、これはリストを間違いなく満たすような最低限の範囲であって、一歳以上の正常な哺乳動物以外の動物ならばどう扱ってもいいというわけではない。レーガンは、生の主体である動物とそうでない動物との間の線引きの難しさを自覚しており、たとえ間違ったとしても、動物に有利な解釈をするべきだとしている。また、哺乳類以外の動物であったとしてもそういった動物を日常的に利用することは、哺乳類への敬意を失わせることにつながり、哺乳類の権利侵害を受けいれてしまうような態度の形成にもつながってしまうため、許されるべきではないとされる。

第４節　これまでの議論の特徴と限界

以上のように、シンガーとレーガンは、それぞれ功利主義と義務論という異なる規範倫理学上の立場に基づいて、動物への配慮の必要性を導く議論を展開している。しかし、両者の議論は、基本的な構成を共有している。どちらの議論も、まず、たとえば功利原理や尊重原理といった、それぞれの理論的立場において、人間にたいしては適用できるとすでにみなされている原理や原則を検討し直す。そうすることで、たとえば、快苦の能力やいくつかの心的能力など、自身のよって立つ原理・原則の適用対象を選別する根拠となっている特徴を取り出す。そしてその特徴が、人間だけでなく動物にも共有されており、倫理的配慮を人間に限る理由はないと指摘することで、動物を倫理的配慮の範囲から排除することは、普遍化可能ではなく、許容できないと主張する。このようにして、それぞれの原理や原則の適用対象を人間以外の動物にまで拡張することの正当性を示したうえで、それぞれの支持する原理や原則に基づいて、配慮の内容や対象となる動物の種類について論じていく。

両者は、このような議論構成を共有することで、次のような特徴もまた共有していると言える。第一に、どちらの議論も、功利主義や義務論といった、特定の規範倫理の理論枠組みに依拠している。第二に、どちらの議論も普遍性を重視することに加えて、動物のもつ内在的な特徴のみを配慮の根拠とするため、野生動物も家畜動物も、ペット動物も、痛みを感じる能力などの特徴に関して同様の能力を有する限り、同じように考慮に入れられるべきだとする。それに伴い、同じ能力に関して言えば、人間も動物も等しく考慮に入れられるべきであり、人間を人間だからという理由だけで特別視するべきではないと論じる。第三に、功利主義も義務論も、人間をめぐって構築されてきた理論的枠組みであるため、どちらの議論も、人間をめぐる理論的枠組みの応用という形で動物への倫理的配慮の必要性を導く。

両理論に基づく議論は、これまで実際に動物倫理の議論を先導し、動物倫理を倫理学の一分野へと発展させてきたという点だけを考えても、十分な重要性をもつと言える。しかしその一方で、こうした議論には、ここに挙げた特徴ゆえに抱える限界もあるように思われる。以下では、それら三つの特徴それぞれに関して、どのような問題や懸念が生じるかを見ていく。

ａ．特定の理論枠組みへの依拠

功利主義や義務論といった特定の理論的立場に依拠して議論を展開することは、動物倫理を応用倫理の一分野として見るならば自然である。また、そのような議論は、その理論的立場を支持する人々にとって説得力のあるものになることが可能だろう。

しかし一方で、それぞれの依拠する理論的立場が、規範倫理の立場として対立していることによって生じる懸念がある。つまり、それらの理論のいずれもが動物のもつ倫理的に重要な特徴を指摘し、動物への配慮の必要性を主張しているにもかかわらず、人々の関心が、それらの理論のどれが正しいのかという点に向かってしまうのではないかという懸念である。そうなった場合、規範倫理のどの立場が正しいのか決着がつくまで、動物への配慮に関しても判断が保留されることになるかもしれない。あるいは、そもそものようにいまだに対立があるような理論から導かれる動物倫理の議論全体があやふやなものだという印象を与えるかもしれない。

こうした懸念を回避して、動物への配慮の必要性そのものを説得的にするためには、大きく対立する特定の理論的立場に依拠するのではなく、それら特定の立場を受けいれるかどうかとは独立に受けいれることが可能であるようなシンプルな議論を展開することを目指す必要があるように思われる。

b. 普遍性・対等性の重視

功利主義のもとでは、ある存在が快苦を感じる能力をもっていれば、その存在のもつ利害は倫理的配慮の対象になる。そしてその重みは、猫のものであれ、牛のものであれ、野生の狐のものであれ、同じように理解される。したがって、快苦が問題となるような状況に関して言えば、ペット動物にたいしても、家畜動物にたいしても、野生動物にたいしても、私たちは倫理的な重みを等しくもつものとして理解し、行為を選択するべきだということになる。もちろん功利主義においては、その存在だけが被る快苦を考慮に入れて行為を選択するのではなく、その行為によって影響を受ける存在すべての快苦を考慮に入れることになるため、それぞれの動物が置かれている状況の相違によって、結果としては、ペット動物と野生動物とで異なる扱いが正当化されるかもしれない。しかしそれは、その動物がペット動物だから、野生動物だからという理由に基づいて、あるいは、人間とかれらとの関係に基づいて生じる違いではない。

義務論のもとでも、動物は、尊重原理の対象となる限りにおいて、その価値を尊重される仕方で扱われる権利をもつことになる。そのため、どのような動物も等しく価値をもつのであるから、人間が特定の動物にたいしてもつ何らかの特別な義務といった付加的な条項に訴えない限りは、どのような動物も等しく扱われるべきだということになる。

しかし、本当に動物のあり方の多様さはそれ自体として、私たちの倫理的配慮に影響を与えるべきではないのだろうか。特に、ペット動物と野生動物では、その本性においても、人間との関係の仕方においても、大きく異なっているように見える。

後で詳しく見るが（第6章1節）、家畜動物やペット動物のように家畜化された動物は、いくつかの重要な点において野生動物と実際に異なっている。もっとも重要な相違は、野生動物と違い、家畜化された動物がその本性のうちに人間への依存を含んでいる点である。しかもこの依存は、人間に由来する依存である。多くの家畜化された動物は、人間から食料や住まいを提供され、さらに他の捕食者の攻撃から保護されることにより、人間による関与のない自然の厳しい環境下で生きていく能力を失ってきた[30]。また、特に家畜動物は、飼育の目的により資するように、体重や出産数などのさまざまな性質が、交配などによって人間に選択され、変化させられている。この変化もまた、人間による関与なしで生存することを困難にしている[31]。家畜化された動物は、特にその生存に関して、人間に決定的な仕方で依存している。これらの事実が、家畜化された動物と野生動物との間に倫理的な扱いの差異を生じさせることになると考えることができるように思われる。

つまり、こうしたそれぞれの動物の本性における違いゆえに、かれらに向かう私たちの姿勢にも違いが生じてしかるべきだと考えられる。私たちは、野生動物について、かれらがかれら自身で生きているということを重視し、かれらの生活に干渉し過ぎることなく、かれらが自分自身の生を生きられることが理想だと考えるのではないだろうか。本章のはじめに触れた、野生動物との共存を模索する動きの背景にも、こうした考えがあるだろう。そしてこうした考えは、野生動物のあり方に即したものだと言える。野生動物は人間との関係をその本性に含むような動物ではなく、そのため、自分たち自身で生きていける限りは、人間はかれらに関わらないでいることができるからである。一方、ペット動物は、人間と共に生きることが生存や健康の条件となっており、その生が幸福であるために人間を必要とするような存在である。そのため人間がペット動物と関わらないでいることは、かれらのあり方にたいする適切な関わり方にはならない。私たちがペット動物に向かうときには、私たちはそうした存在としてかれらを見る必要がある。こうした違いは、単にかれらの置かれている状況の差異によって生じているのではなく、かれらの本性における差異によって生じるものである。そしてこれは、倫理的な是非を判断する際に、何を考慮に入れるべきかということ自体に違いをもたらすはずである。そうであるならば、ペット動物にたいしてなすべき行為、あるいはなすべきでない行為を考える際に考慮することが、野生動物にたいする場合と同じでは不適切だということになるだろう。そして、その逆も同じであると考えられる。

　こうした違いがあることで、対象がペット動物であるか家畜動物であるか野生動物であるかに応じて、私たちに求められることにも違いが生じうる。功利主義や義務論においては、少なくとも、こうした違いが直接的に何らかの役割を果たすものとはみなされていない。そのため、特にペット動物と野生動物に関して、功利主義や義務論によって示される配慮のあり方が、私たちが実際にかれらに向かう姿勢とはそぐわない場合がある。

　まずペット動物に関して、功利主義によれば、ペット動物が病気のとき、その病気に対処すべきかどうかは、その病気を治すことによって生じる世界の幸福の総量と、その病気を治さないことによって生じる世界の幸福の総量とを比較考量することで決定される。もし、その病気を治すことによってかかる費用と医療資源とが、病気に苦しむ貧しい子どもたちを助けることに使われた方が幸福の総量が増大するなら、自分のペットを治療すべきではないことになる。また、あるペット動物にたいする行為が、その行為によって影響を受けうるすべての存在の利害を考慮に入れた結果、世界の幸福の総量を減ずるわけではないが最大化に寄与するわけでもない場合、そうした行為の動機は、功利主義自体から導くことができない。しかし、自分が世話をするペットにたいして、治療すべきかどうかの決定をそのような仕方で行うべきだというのは、私たちの実際のあり方とあまりにも異なっている。

それは、ひとつには、ペット動物は、人間と共に生きることが当然であるような存在であり、飼い主は、その生がどのような生になるかを左右する立場にあるからである。ペット動物は、人間と共に生きることがその本性となっているため、人間が干渉すること自体によっては、その生のあり方が不適切にねじ曲げられてしまうのではないかといった、野生動物に関して私たちがもつような懸念は生じない。むしろ、人間と共に生きていないことが、ペット動物にとっては不適切なのである。このことは、飼い主にとってペット動物がどういった意味をもつかということに影響を与え、ペット動物にたいする向きあい方を形作っているように思われる。

もうひとつには、そうした存在は、飼い主にとって、代替不可能な特別の関係を結ぶ存在となっているからである。そのため、ペット動物の死は取り返しのつかない悲劇として経験されうる。そのような存在の死や苦痛は、他の利害によって乗り越えられるようなものではなく、単なる快苦の計算で理解されるものではない。ペット動物との関係においてこそ、動物の死が重みをもつこと、生きているときの生がどのようなものであっても、その死自体が問題であるということが実感を伴って理解される。にもかかわらず、それを他の存在の快苦と同列の計算対象として考慮しようとするアプローチは、個々の動物のもつ倫理的な重みを理解しようとする私たちの姿勢と、ときに逆行してしまうように思われる。

もちろん、功利主義においても、ペット動物と人間との関係を考慮に入れることはできるだろう。功利主義のもとでは、ある行為や規則によって影響を受けるすべての存在の利害を倫理的配慮の対象に含めるため、ペット動物にたいする影響の評価においては、その動物自体の利害に加え、その飼い主の利害も考慮に入れられる。その結果、ペット動物にたいしてもつ人間の愛着などが反映された行為指針を導きうることにはなる。しかしここでのポイントは、そうした関係やペット動物の本性が、私たちのかれらにたいする向きあい方自体に影響を与えるということである。ペット動物と人間との関係に関する功利主義の説明は、よくても遠回りなものであり、動物にたいする私たちの向きあい方という、動物への倫理的配慮の実現にとって重要な役割を果たすはずの要素の力を、大きく損なってしまうと言える。

次に、ペット動物に関して、義務論に基づいて人間に要求されることは、どんな生の主体も固有の価値をもたないかのような仕方で扱ってはならないということである[32]。このことは、対象が野生動物だろうと家畜化された動物であろうと同様に求められる。しかし、通常、ペット動物を飼う人にはそれ以上のことが求められるように思われる。たとえば、自分の飼育するペットにたいし、危害を加えないように扱い、苦痛を感じないように環境を整えることで十分だろうか。ペット動物が、人間と共に生きることをその本性とする存在であることを考えれば、権利の侵害を防ぐわけでもなく、固有の価値の尊重にも関わらないような配慮、たとえば快適さへの配慮や安心や楽しさの提供など、そのペットが自分の飼育のもとで十分に満ち足りた生を送ることができるための配慮をなすこともまた、飼い主に求められるだろう。

一方、野生動物については、とりわけ功利主義による要求が過大なものになるように思われる。功利主義のもとでは、快苦を感じるすべての存在の利害を考慮に入れて幸福の最大化が目指されるため、野生動物にたいしても人間が積極的に関わる必要があることになるだろう。シンガー自身は、『動物の解放』において、肉食動物が獲物をとる際にもたらす苦痛をなくすために、肉食動物をすべて安楽死させることが正当化される可能性について触れ、それを否定する。[33] つまり、肉食動物を意図的に全滅させることは、生態系にたいする予測のつかない負の影響を与えることになり、最終的に苦痛の量を増やしてしまうとして、自然の環境の多くは人間の手に負えるものではなく手出しをすべきではないと結論する。この主張は非常にもっともなものであるが、次のような、もっと影響が限定的で、実行も可能に見える例についてはどうだろうか。私たちは苦痛の総量を減らすために、サバンナを巡回し、けがのせいで捕食されることや餓死することを免れえない状態になった動物を探して安楽死させてまわるべきなのだろうか。そのままでも死んでしまう存在を安楽死させるのであるから、生態系に与える影響はほとんどないだろう。このようなとき、功利主義に基づくと、幸福の最大化に寄与するのであれば、かれらを安楽死させるために巡回すべきだということになるはずである。[34] 功利主義によれば、こうした状況に限らず、幸福の最大化に寄与するのであれば、野生動物にたいしても人間は積極的に介入すべきだということになる。

この主張は、もっともなものだとは言いがたい。私たちは通常、野生動物に不当に害を加えるべきでないと考えるとしても、かれらにたいして積極的に介入すべきであるとは考えない。そしてそれは、介入が単に倫理的に要求されないというだけでなく、介入しないということが野生動物の生のあり方に沿ったことであり、かれら自身にとって望ましいことであるという理由に基づいている。このように、普遍性を重視し、野生動物もペット動物も同じ特徴をもつものとして理解する立場からは、かれらにたいするものとして適切であるような関わり方を導くことができなくなる可能性がある。

動物について主張されるこうした普遍性に加えて、両理論に基づく議論においては、人間と動物の対等性も強調される。功利主義者であるシンガーが導入する「種差別」という概念は、それを顕著に表している。シンガーによれば、問題となっている能力に関して等しい存在であるならば、それが人間であるか犬であるかチンパンジーであるか象であるかにかかわらず、等しい重みをもつとみなされなければならない。もし能力が同等であるにもかかわらず、その存在が人間だからという理由で異なる重みづけを与えるならば、それはその存在が属している種を理由とした区別ということになり、差別的である。また、義務論者のレーガンの見解のもとでも、ひとたび尊重原理が適用される対象となれば、危害を受けない権利を等しくもつことになるため、人間にたいしてしてはならないことは、動物にたいしてもしてはならないということになる。

人間と動物が対等であるという主張は、確かに、人間のもつ重要性はそもそも動物のものとは比較にならないとすでに前提している人にたいして、その問題について再考するきっかけを与えうる。しかし人間と動物の対等性を主張する意味については、よく考える必要があるように思われる。後で見るように（第5章1節）、人間と動物を同列に扱う主張は反発を呼び、人間と動物が異なる重みをもつと考えざるをえない場面が指摘されることになる。それによって、動物への配慮の必要性という主張自体が説得力のないものとみなされてしまう状況がもたらされうるからである。私たちが他者を倫理的に重要な存在とみなすとき、その理解は、常に対等なもの同士の間で成立するわけではない。むしろ、乳児のような、私たちよりも弱く、私たちに依存しているような存在のもつ倫理的な重みを理解し、それに応じた仕方でその存在と関わることこそ、倫理的に評価されるべきだと考えることもできる。そしてその内容や方法に関しても、人間同士の間でさえ、常に同じものが求められるわけではない。自分の子どもにたいして、自分の子どもだからという理由で特別な関わり方をすることは、それが過剰なものでなければ、親として、道徳的に好ましいことのはずである。人間との対等性を強調する議論は、自らに必要以上のことを課し、そのことによってその議論の説得力を弱めてしまっているように思われる。

c．人間をめぐる理論的枠組みの応用

功利主義に基づく動物倫理の議論も、義務論に基づく動物倫理の議論も、功利主義や義務論という、人間をめぐって構築されてきた理論を動物に応用するという形で展開されている。このような方法によって、実際に動物倫理の議論は説得力をもってきたのであり、こうした論じ方に学ぶべきところは多い。人間と動物が倫理的に重要な特徴を共有しているという指摘は、その存在が倫理的配慮の対象だという判断の源になるという点で重要だと言える。そうした判断をするのが人間である以上、相手への配慮の必要性を理解するために人間との共通性に訴えることは必要であるだろう。

懸念を生むのは、人間と類似した特徴に注目する点ではなく、動物への配慮も人間への配慮を考える際と同様の理論に基づいてなされるべきだと主張する点である。そもそも動物倫理の議論は、人間ではない動物に関して、私たちがどのように考え行為するべきかを論じる。動物は、人間と類似する特徴ももてば、人間とは大きく異なる特徴ももっている。さらには、野生動物や家畜動物、ペット動物など、動物は多様な仕方で存在している。にもかかわらず、人間に関して成り立つ理論が、動物を考える際にも全面的にふさわしいものだと主張するのは、かなり困難な作業なはずである。ここでは、主に三つの観点から、人間をめぐる理論の応用というアプローチのもつ困難を指摘したい。

第一に、こうしたアプローチのもとでは、人間をめぐって吟味されてきた理論全体が動物にとってふさわしいこと

を示すために、人間との類似性と対等性を強調する議論が展開される。だが、そのことによって、人間と動物との相違点が、動物への配慮の必要性を否定する立場による攻撃の的となってしまいがちである。そしてそのため、そうした攻撃にたいして反論を加えることが、さらには動物と人間との類似性を積極的に証明することが、自分たちの手で果たさねばならない課題となってしまう。

たとえば、L・グルーエンは、動物倫理の著作『動物倫理入門』の第1章を、言語の使用や心の理論の有無、倫理的な関与の能力といった、人間と動物の能力の違いに訴えて動物への配慮の必要性を否定しようとする議論を挙げたうえで、そうした議論に対応することから始めている。[35] しかし、動物擁護論者の側にこうした対応が課せられているというのは、実のところ、奇妙なことである。[36] 倫理的配慮の対象であるために、人間と異なるところがあってはいけないわけではない。功利主義や義務論に基づく議論においても、動物がもつ倫理的に重要であるような共通の特徴が指摘されている。こうした特徴があるという事実に加えて人間と動物が同じ枠組みに基づいて配慮されるべきだと主張する必要があるのだろうか。人間にたいして、ある枠組みに基づいて倫理的に配慮することが適切だとしても、動物にたいしてもその枠組みで配慮するのでなければ適切でない、というわけではないだろう。[37] 両理論のどちらに基づいても共通の特徴が指摘されるということから示唆されるのは、むしろ、痛みを感じる能力やある種の心的な能力といった特徴について、それが倫理的に重要なものであると主張するために、特定の倫理理論を前提する必要はない、ということではないだろうか。ここで挙げた懸念は、人間の倫理をめぐって検討されてきた理論の応用というアプローチがもつ本質的な問題というわけではない。しかし、そうした理論を動物に応用するために、人間との類似性を強調し、また人間との対等性を強調することによって、動物への配慮の議論のもつ説得力が弱められてしまう可能性があるのである。むしろ、人間と動物との間の違いを認めたうえでも成り立つ議論を展開することにこそ意義があると考えることもできるだろう。

　第二に、私たちの多くは、動物に関して、人間をめぐる規範倫理の枠組みの応用によって説得され、そしてそうした応用が適切であると判断できるだけの経験をもっていないように思われる。人間に関して言えば、私たちは、日常生活のなかでさまざまな人とさまざまな状況で出会い、そうした状況のなかで生じる倫理的な問題について考えてきた。そのため私たちは、ひとつには、人間に関して、その内面的なあり方なども含め、人々のさまざまな側面についての理解をもつことができ、もうひとつには、さまざまな問題をめぐって積み重ねてきた経験を利用することができる。つまり、人間はそれぞれ多様な生を送っているが、たとえ自分自身が経験したことがないとしても、さまざまな状況に置かれた人々との関係を通じて、そうした人の置かれている状況やそのときの心情をある程度想像することができる。そしてそれは、たとえ自分の経験ではなかったとしても、相手が同じ人間であるということによって、ある程度のもっともさをもつものとみなされる。私たちは、こうした理解を通じて、他者のもつ倫理的な重要性について、現実的な重みのあるものとして認めている。もし、他者に関するそうした理解をもっていなかったとしたらどうだろうか。私たちは、他者にたいする倫理的行為の必要性にすら思い至らないかもしれない。私たちの多くは、相手のもつさまざまな心情を想像し、それを自分に引きつけて理解することで、相手のもつ重みを理解しているように思われる。こうしたことに加えて、私たちは、他の人々との関係のなかでさまざまな問題に直面することで、そうした状況においてどのように行為することがどのような結果につながり、それがどのように倫理的に評価されるかを学んでいくという経験を積んでいく。

　現在ある規範倫理の理論は、そうした土台のうえに成り立っている。私たちは、他者についてのさまざまな理解をもち、そうした存在にたいする倫理的な配慮の必要性を実感したうえで、理論的な枠組みを受けいれ、その理論から導かれる結論の適切さを評価することができる。たとえば、功利主義の議論によって導かれる帰結にたいし、直観に反するという批判が加えられる場合がある[38]。本来、理論によって改革的な主張を導くことが功利主義の強みのひとつであり、私たちの直観に反するということが批判として機能するというのは奇妙なことかもしれない。しかしそれでもそうした批判が批判として一定の力をもつとみなされ、それに対応できるということを示すことが求められるのは、たとえば人間の命が尊重されるべきものであるという強い信念を私たちがすでにもっているということ、そしてそうした信念をすでにもっていることが、特定の倫理理論を受けいれることにとって重要であるということを意味するのではないだろうか。そうした信念によって理論的立場が評価され、それに基づいて修正がなされうるからこそ、そうした理論的枠組みは、説得力のあるものとして受けいれられるようになってきたと言える。

しかし、動物に関しては、状況はまったく異なっている。つまり、動物への配慮に関して、その必要性を実感し、また、人間と同じ枠組みが応用されるのがもっともであると言えるだけの材料は不足している。まず、私たちの多くは、動物の内面的なあり方といったさまざまな側面を知ったり、そうした内面が当然存在するということを認めたりできるような関係を動物との間に築いていない。もちろん、ペットとしての犬や猫と暮らす人々は、日々の触れ合いのなかで動物たちのもつさまざまな側面を知ることができるだろう。そうした人々にとっては、少なくとも一部の動物が倫理的配慮の対象であるということは、至極当然のことかもしれない。しかし他方で、人によっては、そもそも動物との直接的な関係をほとんどもっていないということもある。そうした場合、特に動物の内面的なあり方などの側面について、想像することも、もっともなことだと受けいれることも困難かもしれない。そうだとすれば、動物について、その倫理的な重みを理解することや、ましてや、人間と同じ枠組みで配慮されるべき存在であると認めることは困難だろう。

　次に、私たちと動物との間で生じている問題状況は、多様で複雑なもののはずである。それは、私たちの行為が関わる動物は、ペット動物をはじめとして、家畜動物や野生動物、そしてその中間に位置するような、街中の鳥といった存在まで、多岐にわたるからである。そのような存在との関係の仕方を倫理的に考えるということは、多くの人にとって不慣れな状況であるはずである。おそらく、どの動物にたいしてどのようにふるまうことが真にその動物にとってよいことであるのかを体系的に導くことや、その適切さを判断することができるような経験を、私たちが十分にもっているとは言えない。にもかかわらず、倫理的配慮の理由となっていた特徴が人間と共通のものであるからといって、人間と同じ配慮の枠組みを適用するべきだと考え、理論の応用によって導かれた、動物への画一的な関わり方が正しいものだと思い定めてしまうと、動物と人間の双方にとってよりよい関係のあり方を模索していく機会が奪われてしまう可能性もある。さらには、もしかしたらある種の動物にたいしては不適切な結論が導かれるかもしれないにもかかわらず、そうした可能性を考える余地がなくなってしまう。もしそうだとしたら、たとえばペット動物にたいする特別な責任の存在が指摘されなくとも、そのことによってペット動物への深刻な危害を許容することになるというわけではないように、実際上は大きな問題は起きていないように見えるかもしれないが、それでも、人間をめぐる枠組みの応用というアプローチは、動物との関係を考えるための方法として、ふさわしくはないということになるだろう。

　第三に、私たちが動物にたいして、すでにいくつかの理解をもっていることもまた問題を難しくしている。というのも、そうした理解には、動物にたいして搾取的であるような見方が含まれており、他方で、動物とちかしい関係を築いている人がもつような理解は含まれていない可能性があるからである。たとえば本章第１節でも述べたように、動物にたいして私たちの多くは、私たちが利用するものという理解をもっている。それは、単に、私たちが今まで動物を利用してきたという歴史的な経緯があることによって、当たり前だと思い込んでいる理解であり、吟味された理解というわけではない。しかし、多くの人が実際にそうした理解をもっており、人間とはまったく異なる扱い方をされる存在としての動物という見方を暗黙の裡にもったまま、動物の問題を眺めている。つまり、私たちが動物との倫理的な関係について考え始めるより以前にもっていた理解が、動物との倫理的関係を考える際にも、相変わらず影響してしまっているという状況がある。そうした状況のなかで、人間と同じ枠組みによる配慮を主張したとしても、それが説得的だとはみなされがたいだろう。こうした状況がすでにあるのだとすれば、私たちは、自分たちがすでにもっている動物理解を自覚させること、そしてそのうえで、変えるべき理解があるならばそれを自分の意志で変えるように導くことができるような議論を展開する必要がある。そのためには、私たちが動物にたいしてすでにもっている理解については、それを支持する理由や、あるいはそれを修正すべき理由を検討し、私たちの多くがもっていない理解については、それが倫理的に重要な、考慮に入れるべきものでないかを検討するということから開始するような議論が必要になる。

以上をふまえると、動物に関して私たちは、倫理理論の原理や原則に基づいて一貫した答えを導き、しかもそれが適切なものであることを期待できる段階には至っていないように思われる。つまり、人間をめぐる倫理理論は、すでに倫理的配慮が必要であるということが実感され共有されている存在に関して作り上げられたものであり、どのような方法で配慮することが倫理にかなう適切なあり方なのかということを私たちがある程度評価できることによって、理論的に洗練されてきたと言える。他方で、動物と私たちの関係について倫理的に考えるということは、始まったばかりなのであり、その対象に関しても、問題となる状況に関しても、まだ考慮されていない事柄が多く残されている、今なお新しい問題領域である。もしかすると、動物への配慮は、理論化と馴染まないという可能性すらある。少なくとも、何らかの倫理理論が先にあり、それを適用するという形だけでなく、動物への倫理的配慮の必要性自体を認める出発点となるような動物理解を手にいれて、それを受けいれるということを導く議論を探る価値はあるだろう。

第５節　動物倫理の議論の構成

ここまで見てきたように、動物倫理の議論をめぐって私たちはいくつかの課題を抱えている。はじめに述べたように、動物倫理の議論は、人々が動物をどう理解しているのかという現状に目を向け、そうした理解を変えていくものである必要がある。それによって、人々が動物の苦しみや死を真剣に受けとり、動物に課されている現在の扱いを根本的に変えていく必要性を受けいれるほど、動物への配慮を当然のものとして受けいれるようになっていくことが本当の成功だと言えるだろう。つまり、動物倫理の議論が目指すべきことは、どのような理論的立場をとるべきで、その理論から動物に関するどのような主張が導かれるかを検討することには限られない。そうした議論にそもそも耳を傾け、その適切さを検討するための土台として、——ちょうどプラトンの『国家』における魂の向けかえをめぐる議論のように[39]——動物のもつ倫理的な重みを知ったがゆえに私たちの姿勢が変わらざるをえないのだということを示すこともまた必要になると考えられる。

では、そのためにはどのような議論が必要なのだろうか。これまで動物倫理の主流としてなされてきた議論は、主に、既存の倫理理論が動物にも拡張されうると示すことに注力してきた。ここまで見てきたように、こうした議論は、それぞれの理論において倫理的に重要とされる性質を人間と動物が共有していると指摘したうえで、それぞれの原理や原則を動物に適用するというアプローチをとる。そうすることによって、動物倫理を無視できない重要な分野へと発展させてきた。とりわけ、痛みや苦しみを感じる能力は、人間と動物に共通の能力であり、私たちの倫理的判断に影響を与える特徴として、学術的な領域としての倫理学においても、日常的な倫理の理解としても、広く受けいれられている。第3章でより詳しく検討するが、動物の苦痛に着目する議論には説得力があるだろう。

しかし他方で、特定の倫理理論の応用というアプローチは、人間同士の間では共有されている土台が十分には形成されていない存在にたいして、人間と同様の理論的枠組みを応用しようとするため、動物倫理の議論全体にたいする反発や懐疑的な反応を引き起こしてしまうという懸念がある。また、人々の疑念や反発を招きうる要素として、野生動物や家畜動物、ペット動物が、それぞれにそうした動物であるからこそ人間にたいしてもつ倫理的な意味をすくい取れなくなるという点も指摘できる。本書で目指すのは、動物倫理の議論として、こうした疑念や反発に対応しながら、私たちが動物をめぐってすでにもっているいくつかの理解を向けかえていくという役割を担える形を提示する、ということである。それを通して、食べるために動物を殺すといった実践それ自体を倫理的な問題として問うことをも含む形で、動物への配慮を当然のものにするための土台をいかにして形成するかという課題に取り組む。

具体的には、第一に、動物がもつ倫理的な重みを私たちが理解するための足がかりとして、特定の倫理理論において重要とされる性質のみに注目するのではなく、動物のもつさまざまな内面的特徴をより豊かなものとして描く。それによって、私たちがもつ動物理解としてどのようなものが適切であるかを示す。本章で確認したように、功利主義や義務論はそれぞれ、自身の理論的立場において重要視される特徴を動物ももつと示すことに注力している。その理論を支持する者にとっては、動物が倫理的配慮の対象となるということがそれによって説得的になるだろう。もちろんそれらの理論的立場の指摘する特徴が重要であることは変わりないが、他方で、私たちがある存在に倫理的な重みを見いだすのは、功利主義や義務論において重視される特徴のみに気づくことによってではない。本書では、「倫理的な重みをもつ存在」としての動物理解につながるさまざまな要素を指摘することに分量を割く。ここであらかじめ指摘しておくが、動物の倫理的な重みが、私たちの理解のあり方に左右されるものだと主張しようとしてるのではない。そうではなく、倫理的配慮において意味をもつ特徴を、動物が事実としてもつということを、さまざまな観点から指摘することで、動物に向けるべき適切な理解がどのようなものかを検討することがその狙いである。

第二に、動物をめぐる問題にたいしてすでに存在する理論的枠組みを応用するという、特定の倫理理論をベースとしたアプローチをとるのではなく、第一の課題において明らかになる動物の倫理的重みと、私たちが倫理に関して有している基本的な理解に訴える議論を提示する。これは、理論に訴えずに感情に訴えるということではない。そうではなく、本書の方針は、倫理に関する非常に基本的ないくつかの理解について、それらを分析し、そうした理解の間の一貫性に訴えることで、動物にたいして私たちが向けるべき姿勢が、ごく当然のものとして導かれうることを示すというものである。

そして第三に、それぞれの動物がかれら自身としてもつ性質だけでなく、野生動物と家畜動物がそれぞれそうした存在であることによってもつ特徴のように、動物が人間との関係においてもつようになった特徴にも注目する。それによって、私たちの実感により即した議論を展開できるのと同時に、こうした議論によって、人間がかれらにたいしてどのような姿勢をもって向きあうべきかが明らかになると考えるからである。

以上をふまえて、本書では、動物についての豊かな理解と、特定の倫理理論とは独立に私たちがいだきうる倫理に関する基本的な信念から導かれる結論として、動物への配慮の必要性を示すことを試みる。そしてそのために、動物をどのような存在として理解するかという、私たちがもつ動物理解について、どのようなものがもっともなものであり、どのようなものを修正すべきかを明確化していく。

注

1　人間ももちろん動物である。その点を明確にするために、「人間以外の動物（non-human animals）」という表現もしばしば用いられる。あるいは、「他の動物（other animals）」や「人間という動物以外の者（other than human animals）」という表現が用いられることもある。本書では、読みにくさによる誤解や煩雑さを防ぐために、「動物」や「人間以外の動物」という表現を主に用いる。また、本書で特に断りなく「動物」という表現を用いるときには、感覚能力をもつ動物（sentient being）を指している。

2　近年では、ペットという呼び方は侮蔑的であるとして、コンパニオンアニマル（伴侶動物）という呼び方が用いられることがある。しかし、ある種の動物をペットと呼ぶ際に常に侮蔑的な意味が含められているわけではなく、また、本書においてコンパニオンアニマルという呼び方を使うことは、本書を通して示すべきことを、あらかじめ意味として込めてしまうことにもなりうる。ここでは一般的に使われるニュートラルな表現としてペット動物という言葉を使う。呼び方を変えることが問題含みですらありうるという示唆についてはBok 2011, p. 791 n. 1を参照。

3　犬と猫の殺処分問題の背景にあるペット流通の問題については、太田 2013、2019が詳しい。

4　環境省 2023。

5　本書において家畜動物とは、人間が飼い意図的に繁殖させる牛や羊、馬、豚、山羊、家禽といった農業生産に役立つ畜類を指すものとし、犬や猫のような愛玩用の動物は、先に述べたように、家畜ではなくペット動物と呼んで区別することにする。ただし、「家畜化された動物」は、ペット動物を含む。

6　佐藤 2005、2018。

7　たとえば、打越 2016、一四八—一五三頁。

8　打越 2016、一五八—一六五頁。

9　森 2004、一一九頁。

10　打越 2016、三一一—三一二頁。〔　〕は引用者。

11　私たちが動物にたいしてこうした相反する態度をもつことは、ミート・パラドクスと呼ばれ（Loughnan, Bratanova & Puvia 2012）、心理学において研究されている。大森 2018も参照。
12　Singer 1993, pp. 10-15〔邦訳書一二―一七頁〕。
13　Singer 1993, pp. 22-23〔邦訳書二六頁、訳は議論の文脈に合わせて邦訳書から変更を加えている〕。
14　Ryder 1983, p. 5.　種差別（種差別主義）という考えについては、第5章で詳しく見る。
15　Singer 2009, p. 8〔邦訳書三〇頁、訳は議論の文脈に合わせて邦訳書から変更を加えている〕。
16　Singer 2009, p. 15〔邦訳書三七頁〕。
17　Singer 2009, p. 16-17〔邦訳書三九頁〕。
18　Singer 2009, Chap. 4.　肉食から得られる快の重要性にたいする批判的検討については久保田 2018で行っている。
19　Singer 1993, pp. 83-109〔邦訳書一〇〇―一三二頁〕。
20　Tooley 1983.
21　Singer 1993, p. 101〔邦訳書一四二―一四三頁〕。
22　レーガンの見解については、Regan 2004、および、伊勢田 2008、特に四四―四九頁も参考にしている。また、Regan 2003も参照。
23　Regan 2004, pp. 151-154.
24　Regan 2004, p. 154.
25　Regan 2004, esp. Chap. 7.
26　Regan 2004, p. 243.
27　Regan 2004, pp. 262-263.
28　Regan 2004, pp. 305-307.
29　Regan 2004, pp. 243-248.
30　たとえば、イタリアで人間と直接的な接触をもたずに生きる野犬化した犬の集団の生活を調査したある研究は、群れで生まれた子犬の生存率が低いことを示し、その群れのなかで個体数を維持することが困難であると示唆している。また、食料に関しても、野犬は主に人間の出したごみをあさっており、野生動物や家畜動物を捕食したという事実はなかったという（Boitani et al.

1995）。

31　一例を挙げるとすれば、乳牛は、乳の生産量の急激な増大により、乳房炎や関節炎といった病気にかかりやすくなっている（佐藤 2005、一八―二五頁を参照）。また、ある種のシチメンチョウは、あまりに巨大化するため、雄は交尾ができず、人工授精により繁殖される（田名部 2010、四一〇頁）。

32　Regan 2004, esp. pp. 248-250.

33　Singer 2009, pp. 225-227〔邦訳書二八七―二八八頁〕。野生動物の生は苦痛に満ちているため大規模な介入が必要だと論じる最近の議論としてはJohannsen 2020を、それにたいする周到な批判としてはPalmer 2021を参照。

34　もしそれが、医療の配分などの問題で実際には不可能だということになったとしても、可能ならば道徳的にすべきことであるということには変わりない。また、サバンナの巡回は過酷だろうから、野生動物の苦痛を減らしても全体の幸福量が増えないかあるいはむしろ減じると考えるかもしれない。しかし、この計算がどのようにして説得的な仕方で示せるのか疑問が残る。巡回のために新しい雇用の機会が生まれるといった積極的な側面も考えられるかもしれない。

35　Gruen 2011, pp. 4-25〔邦訳書四―二四頁〕。

36　同様の指摘は、Zamir 2007, pp. 29-32でもなされている。

37　とはいえ、ここで言っているのは、R・ノージックの主張するような、動物については功利主義的な枠組みで考え、人間に関しては義務論の枠組みで理解するというように、それぞれ別の理論的枠組みを適用すべきだということではない（Nozick 1974, p. 39〔邦訳書六一―六二頁〕）。

38　Cf. Regan 2004, p. 247.

39　『国家』九四―一〇一頁（第七巻514A-517A）。

第2章　人間の向けるべき態度

　前章で見た功利主義や義務論に基づく議論は、動物が痛みを感じたり危害を被ったりする能力といった、動物がかれら自身でもつ能力に注目する議論だった。それらは、動物倫理を押し進めてきた中心的議論ではあるが、動物への倫理的配慮について体系的に論じる著作のなかには、功利主義と義務論を背景にしないものもある。本章では、動物がかれら自身でもつ能力以外の要素に焦点を定める立場として、ニーズ論と徳倫理の議論を参照する。どちらの議論も、特に第1章4節で論じた懸念である、対等性や普遍性の強調をめぐる懸念をくみとる観点を備えていると言える。

　ニーズ論による議論は、ある存在がニーズをもつという事実に着目するものであり、その意味では、対象自身のもつ能力について論じる立場だとみなせる。しかし他方で、後に第6章でも触れるように、どのような存在のもつニーズであるかということによって、私たち人間にたいして求められる責務の大きさに違いを認めうる立場でもある。徳倫理の議論として本章で特に取りあげるのは、動物への配慮を、動物の生の繁栄という観点と、人間の徳との関連から論じる立場である。ニーズ論も徳倫理も、動物にたいして、単に痛みを与えてはならないということにはとどまらない、積極的な関わり方が人間に求められるという主張を展開しうるという点で注目に値する。

第1節　ニーズ論

ニーズ論において、ある存在が、何らかの事物にたいして、単なる欲求ではなく道徳的に重要な意味でのニーズをもつとき、そのニーズを満たすことにたいする責務が私たちに生じると論じられる。動物への配慮について、ニーズに基づいて論じる議論は、それほど多くなされているわけではない。しかし、ニーズ概念とその倫理的な重要性をめぐる分析は、人間に関してすでに多くの立場からなされており、その議論を再検討すると、動物もまた、道徳的に重要なニーズをもつ存在として理解されることになるし、それゆえ、そのニーズを満たすという積極的な関わり方の対象でもあることになると考える筋が見えてくる。ここではまず、ニーズ概念に関して共有されている理解を確認したうえで、道徳的なニーズの条件をめぐるいくつかの議論を紹介する。そして、それらの立場の帰結を検討することで、動物が道徳的に重要なニーズをもつ存在として理解される可能性を探る。

1　ニーズ概念の分析

ニーズ概念はさまざまな論者によって論じられている。その議論はそれぞれ細かな点で異なっているが、多くの論者に共有されている基本的な論点や主張内容がある。まず、ニーズ概念に関するいくつかの主要な論点を整理し、ニーズ概念のもつ特徴とニーズ概念がどのように道徳的な考慮に影響をもたらしうるのかを確認する。

ある存在がニーズをもつということは、たとえば、「人間は生きるために食べ物を必要とする」という言明のように、「XはZのためにYを必要とする」という構造をもつ言明の形で理解することができる。そしてこの言明は、X

がZのためにYを必要としているということをX自身が自覚していようといまいと真でありうる。たとえば、当の本人が、自分が睡眠を必要としていることを知らないとしても、あるいは睡眠を欲していないとしても、その人が睡眠を必要とするということは真でありうる。この点に関してD・ウィギンズは、ニーズは志向的ではないという点で、欲求（desire）と異なると論じる。つまり、欲求は心的な作用と関わり、ニーズは世界が実際にどのようなあり方をしているかということに依存する。[1] その意味で、ニーズは客観性をもつ。[2]

ニーズは、このような仕方で欲求と異なり、それによって、私たちに何らかの責務を生じさせるものと理解することができる点で重要性をもつ。それは、ニーズが、単なる欲求に基づく要求ではなく、他の行為者にたいして請求（claim）をするものであると考えることができるからである。たとえば、「私はおいしい物が食べたい」といった単なる欲求は、私たちに責務を生じさせるものではない。その欲求を満たすことは、私たちの責務としてなされるのではなく、むしろ恩恵とみなされる。他方、「私は生きるために食べ物が必要だ」ということは、それが理のある請求であることによって、私たちに何らかの責務を生じさせると理解することができる。

もちろん、ある人の欲求することとその人のニーズとが重なる場合は多くあるだろう。D・コップは、ある人が欲求したり価値づけたりする他の事物に照らしたときにだけその人が必要とするような事物を、「臨時のニーズ（occasional needs）」と呼び、より基本的なニーズと区別する。[3] コップが臨時のニーズの例として挙げるのは、自分が勉強することを欲しているときにもつ、静けさにたいするニーズである。一方、コップが「基本的なニーズ（basic needs）」として挙げるのは、食べ物や水や住まい、安全に動く能力、健康、自尊の感覚といったものである。そうした基本的なニーズは、誰の善にとっても不可欠（essential）であるようなものにたいするニーズとして重要性をもつとコップは論じる。多くの論者が、なぜニーズが重要なのかということを説明するために、この「基本的なニーズ」

とそうでないニーズとの区別に訴えている。たとえばS・リーダーは、水や食べ物や住まいや学校、病院、コミュニティのインフラといった、身体的な生存やコミュニティへの参与にとって不可欠であるようなニーズを基本的なニーズと呼ぶ[4]。主体が何にたいして基本的なニーズをもつかについては論者によって相違があるものの、食べ物や水や住まいや健康などは、多くの論者が共通して基本的なニーズの中身であるとみなしている。

2　何のためのニーズか

このようにニーズは、単なる欲求とは異なり、それが満たされることにたいして理のある請求をもつとみなされる。では、何がニーズをそのように理のあるものにするのだろうか。それは、Zのために Yが必要とされるときの、Zの中身によって説明される。つまり、Yにたいする Xのニーズが、道徳的行為者である私たちにたいする請求とみなされ、それを満たす責務を生じさせるのは、Yが必要とされる目的である Zに重要な価値があるからである。ニーズの望ましさの根拠である Zが何かについては、さまざまな提案がなされている。たとえばリーダーによれば、その価値をもつものは生存と存在である。存在し続けることや生きることに関わるニーズは、不可欠なニーズ（essential needs）として、倫理にとってもっとも重要性をもつとリーダーは主張する[5]。また、G・トムソンによれば、ある主体にとっての利害関心の対象であるような経験や活動を享受する可能性にその価値はある。そして前述のコップによれば、自律した生を送ることに価値がある。これらのそれぞれの立場による議論は、後で詳しく振り返る。

ここで注意すべきことは、ニーズのすべてが道徳的な影響力をもつわけではないということである。ニーズのなかには、それが満たされないことにそれほど問題のないものもある。たとえば、ある人が、「私は結婚式に出るために新しい服が必要だ」と言ったとき、その人に新しい服を与えることは、その人に感謝されることではありうるが、道徳的行為者としての私たちに道徳的に要請されることではない。一方、極寒の地で満足な防寒具をもたない人が「私は寒さをしのぐために新しい服が必要だ」と言うときには、そのニーズを満たすことは、何らかの仕方で私たちにたいして道徳的に求められていることだと理解できるだろう。したがって、道徳的行為者にたいする請求であるニーズと、道徳とは中立的なニーズとを区別する必要がある。

ニーズを重要なものにするような価値あるものはいずれも、それが失われることによって生じる害が深刻なものであるという特徴をもつ。そのため、ニーズのもつ重要性を、Yが満たされない場合にもたらされる結果という側面から分析することもできる。こうした分析は、目的であるZがどれほど重要なものであるかという点に注目する右記の分析と裏表の関係になっていると考えることができるかもしれない。先に挙げた論者のなかでは、特にトムソンとコップがニーズのもつこうした特徴を強調している。

また、ニーズを害に基づいて分析する代表的な論者として、ウィギンズを挙げることができる。ウィギンズは、単に何かのために何かを必要とするという「道具的なニーズ（instrumental needs）」と異なるニーズとして「絶対的なニーズ（absolute needs）」の重要性を強調し、ニーズを害に基づいて分析する。絶対的なニーズ（あるいは定言的ニーズ）は、その目的がまさに「ニーズ」というその語の意味によって固定されるようなニーズであり、次のように定式化される。[6]

Xが Yをもつことを（絶対的に）必要とするのは次のときそしてそのときに限る。つまり、Xが害を避けようとするならばXはYを（道具的に）もつ必要があるときである。そしてそれは、状況が実際にそうである状況の下で、Xが害されることを避けるならばXはYをもっているということが必然的であるとき、そのときに限る。

このようにウィギンズによれば、ニーズのもつ重要性は、そのニーズが満たされない場合に生じる害によって分析される。[7] 害の概念を用いたこのようなニーズの基本的な理解は、多くの論者に共有されている。

ウィギンズはさらに、さまざまなニーズのもつ相対的な重みをはかるために、そのニーズの「深刻さや重大さ（badness or gravity）」、「緊急性（urgency）」、「確立されていること（entrenchment）」、「基本的であること（basic-ness）」、「代替可能性（substitutability）」という要素を導入する。[8] そして、もしＸが時点ｔにおけるＹをもつことを、時点ｔに非常に深刻に必要とするならば、そしてその必要が時点ｔではっきりと確立されておりほとんどまったく代替可能でないのなら、ＸがＹをもつことはＸの不可欠な利害（vital interest）の典型であると言えるかもしれないとする。[9] ここでウィギンズは、ある人が特定のニーズをもつことと特定の利害（interest）をもつことを同一視している。

ここまでで確認した諸議論から分かるように、ニーズ概念の道徳的な影響力について論じる際には、いくつかの分類を念頭に置くべきである。[10] ここで再確認しておくと、第一に、ニーズ概念と、ニーズ概念と混同されがちな別の概念である欲求との区別がある。ニーズが欲求と大きく異なるのは、ニーズが客観性をもつ点にあると言える。ある存在が必要としているものは、本人がそれを必要としていると自覚しているか、あるいは本人がどのような信念をもっているか、ということとは独立に決まる。そのため、たとえば乳児のもつニーズを、両親が推測して満たすということが可能である。そうした意味で、ニーズは客観的である。

第二に、ニーズ概念内部でのいくつかの区別がある。もっとも重要なものは、道徳的重要性をもつニーズとそうでないニーズの区別である。ニーズは、その目的によって、請求とみなされるような道徳的重要性をもつニーズと、欲求の充足のためのニーズのような道徳的に中立的なニーズに区分けされる。多くの論者が、重要性をもつニーズを的な重要性をはかることができる。

「基本的なニーズ」や「不可欠なニーズ」として特徴づけ、その道徳的な影響力について論じている。また、害による特徴づけによれば、そのニーズが満たされねば不可避的に深刻な害が生じるという「絶対的なニーズ」が重要性をもつと言える。さらにウィギンズによれば、重要性をもつとされるニーズの間でも、その深刻さなどに応じて、相対的な重要性をはかることができる。

3　どのような存在が重要なニーズをもつか

ここまでニーズの分析を見ることで、ニーズには、道徳的な重要性をもつものともたないものがあり、あるニーズが重要性をもつかどうかは、ある存在XのもつYへのニーズの目的であるZのもつ価値によって決まるということを確認してきた。つまり、ニーズが私たちにたいして請求をもつものとみなされるには、価値や害に関する一定の条件を満たす必要がある。ここでは、そうした条件の主要な候補を提案する、先に挙げた論者であるリーダー、トムソン、コップの議論を検討し、それぞれの立場において、どのような存在が重要なニーズをもつとみなされるのかを確認する。以下で見るように、どのような価値や害を重要なニーズに関連するものとみなすかによって、重要なニーズをもつとみなされる存在の範囲は大きく左右される。

a．生存と存在

リーダーによれば、存在することや生きることに関わるニーズが、不可欠なニーズとして倫理にとってもっとも重要性をもつとみなされるべきである。というのも、ニーズが満たされない困窮している（needing）存在が、私たちが助けない限り絶えてしまう（cease to be）だろうということは、その不可欠なニーズを規範的なものとして私たちに認識させるものだからである。[11] リーダーによれば次のことは一般に受けいれられている。すなわち、私たちが道徳的な実践において認識し応答するよう教えられている、道徳的にもっとも強い要請をもつようなニーズとは、まさに受け手の存在にもっとも密接に関わるようなニーズである。[12] リーダーの見解を、そのニーズが満たされないことによる害という観点から理解するならば、もっとも深刻で重大な害は、存在し続けたり生存し続けたりできなくなることだということになるだろう。

リーダーの見解によれば、人間や動物が生存し続けるためのニーズも、ある絵画がその絵画として存在するためのニーズも谷川が存在し続けるためのニーズも、生存や存在という価値のためのニーズであるため、いずれも道徳的な重要性をもつことになる。ただし、リーダーによれば、それらのニーズは必ずしも同じ重みがあるわけではない。つまり、何らかの正当な理由があるならば、ニーズを満たさねばならないという責務が無効化される場合もありうる。[13] まずリーダーによれば、実際の倫理的実践の場面において道徳的行為者に求められることは、とても穏当なことである。たいていの状況で求められていることは、不可欠なニーズをもつ存在を害さないという消極的なことである。実際に積極的に何かをするよう求められるのは、そのニーズが深刻であり、緊急のものであり、現にあるものであり、さらに自分がそれを満たすのにふさわしい立場にあるときだけだとリーダーは述べる。そして、たとえば、私たちは天然痘ウィルスにたいしても、害さないという責務をもつが、その責務は、天然痘から自由であるという人間のニーズへの責務によって退けられうる。このとき、何がウィルスのニーズを無効化するための正当な理由とみなされるのかということは、公共の利益のような公的理由という観点から決定される。また、私たちは木のニーズにたいしても責務をもつが、木を切って薪をつくる以外に、温まりたいという私の望みをかなえるための方法がない場合、福利という理由に基づいて、木のニーズは小さく見積もられ退けられる。

b．欲求と利害関心

欲求（あるいは選好）が満たされることが善であり、満たされないことが害であると考えることもできる。ただし、ニーズと欲求は区別されるべきであるという先に見た論点からすれば、単なる欲求の挫折が、それ自体重大なニーズに関わる害であるとみなすことは適切でない。だが、欲求とニーズの間には何らかの関係があるように見える。たとえばウィギンズは、利害（interest）について、欲求（desire）や欲望（want）と複雑で間接的な関係をもつような意味だとしたうえで、利害とニーズとを同一視する。[14] さらにウィギンズに先立って、G・E・M・アンスコムは、ニーズと欲求との関係の複雑さに注目し、ある主体が必要だと判断するものをその主体が欲さないことは可能だが、その主体が必要だと判断するものをその主体が何ものも欲さないことはできないと論じている。[15]

トムソンは、ニーズと関連性をもつ欲求および害について、特殊な意味で用いられた「利害関心（interest）」の概念に訴えることで、単なる欲求や選好の挫折ではなく、ある特定の種類の害だけがニーズに関連性のある害であると論じる。[16] トムソンによる害の定義は次のようになる。つまり、Xにとって道具的でない仕方で価値をもつ経験や活動を享受する可能性を剝奪されるとき、Xは害を受ける。[17] さらに、ここで言及される価値は、「利害関心」の概念を媒介することで、欲求と関係するものとして説明される。トムソンによれば、「利害関心」とは、主体の本性に根ざし、必ずしも自覚的でない仕方で、[18] 欲求の背景において働く「核となる動機（core motivations）」[19] である。そしてそれは、私たちがもつ多種多様な個別の欲求にたいし、一定のパターンと秩序を与えるものである。[20] そうした「利害関心」の存在は、主体がもつ欲求のなかに、その主体にとってよいものとそうでないものがあることを説明する。トムソンによれば、主体の本性に根ざす不可避的な「利害関心」は、「私たちの福利（well-being）が、欲するものを得ることから成るのではなく、私たちの本性と一致して生きるということから成ることを明らかにする」[21]。そして、「ある人にとって何がよいあるいは悪いとみなされるのかについての固定点を与えてくれる」[22]。

以上のようにトムソンは、基礎的なニーズを、ある特定の害を被らないために必要な事物へのニーズとして説明し、その害を、その主体にとっての価値ある活動や経験、そしてそれらを享受する可能性が剝奪されることと定義する。そしてその価値は、主体の欲求を秩序立てる「利害関心」によって説明される。

c．自律

最後に、自律した生に価値があり、それを失うことが害であるという考えを取りあげる。コップによれば、ある人は、自身の生の基準に同意し、どの基準を受けいれるか自身で決定することができ、そしてそのような諸基準に基づいて自身の生をどのように生きるかを選ぶことができる場合に限り、その人は、最低限合理的な生を送っていると言える。そして、そのような生を失うことは、害である[23]。なぜならそれは、人は、自分の生についての安定し支持されるような基準である価値づけがなければ、自分の生に導きを得ることができず、その生はだめになってしまうからである[24]。コップによれば、基本的なニーズとは、自分の生に関して価値づけをもつ能力、そのような価値づけに基づいて自分の生の生き方を選ぶ能力、そしてどの価値づけを受けいれるか自分で決定する能力が失われたり減ぜられたりされてしまうのを防ぐために必要とされるものであり、それらは、自律的であるような生のための要件である[25]。コップによれば、生存や教育、極度の恐怖からの自由、愛情は、自分の基準に従って生きる能力を減損されてしまうという害を被らないために必要とされることによって、基本的なニーズとされる[26]。コップは動物もまた、感覚をもち苦痛を経験する存在であることによってニーズをもつということは認める[27]。しかしコップの条件を受けいれるならば、請求とみなされ私たちに責務を生じさせるようなニーズは、自律した生をもつような非常に制限された主体だけがもつことになる。

4　動物のニーズの重要性

ここまで、どのようなニーズが重要性をもつかを論じる立場として、生存や存在に訴える立場、欲求と利害関心に訴える立場、そして自律に訴える立場という候補を挙げた。さて、動物がこれらの条件を満たしうるかという点を考えると、特に自律を重視する立場は、動物が重要な意味でのニーズをもつという主張にたいして困難を引き起こすように見える。だが、そもそもこの立場が挙げる条件には問題があると考える余地があるように思われる。ここでは、ニーズ概念を動物に適用する際に生じると考えられるそれぞれの立場の帰結を見ながら、動物のニーズがどのように考えられうるのかを検討していく。

a．生存と存在のためのニーズ

リーダーの見解は、生存や存在のために必然的に必要とされるものが、重要なニーズとして私たちに道徳的な要請をする、というものである。そのためこの見解のもとでは、動物は重要なニーズをもつことになる。だがそれは、単なる物や自然の景観や植物も重要なニーズをもつという意味でニーズをもつということである。しかし、第一に、絵画や谷川がそもそもニーズをもつということを説得的に主張することはできるだろうか。リーダーは私たちの倫理的実践を顧みることで、私たちが、道徳的行為者である自分自身について、それらの存在を維持するためのニーズにたいする責務をもつと実際に理解している、と論じる。[28]だが、そのときの私たちの関心は、その物が存在しなくなることでその物それ自体が被るような害なのだろうか。そうではなく、それが存在しなくなることによって生じる私たちへの害なのではないだろうか。確かに、単なる物にたいしても、それを粗雑に扱い破壊してしまうような人は非難されるかもしれない。しかしそれは、その物を壊すことによって生じる私たちへの損害を考慮してのことであるか、あるいは、その人の粗暴な性質への非難だと考えることがもっともであるだろう。絵画や谷川や景観といったものが、それ自体として、存在するものとしての存在することへの、道徳的に重要なニーズをもつと考えるのは難しいのではないだろうか。

他方、単なる存在ではなく、生存に関するニーズが道徳的に重要である可能性は無視できないだろう。生存のためのニーズであるならば、そのニーズは道徳的な重要性をもつと考えることは、もっともらしさをもつ。ある対象が生存のために何かを必要としているということは、私たちの考慮のなかで一定の道徳的な重みをもつように思われる。しかし、生存のためのニーズが重要性をもつとすれば、植物のニーズもまた、動物のニーズや私たち人間のニーズと同様に、道徳的な重要性をもつことになりそうである。植物も道徳的に重要なニーズをもつというリーダーの主張について、どう考えるべきなのだろうか。生物である植物が生存へのニーズをもつということはもっともだろう。ここで、もし生存のためのニーズをもつということから直ちに、それが道徳的な訴えをもつということが導かれるとすれば、植物のもつ生存のためのニーズも道徳的行為者である私たちに責務を生じさせるということになる。確かに植物のニーズは、単なる存在のためではなく、生存のためのニーズであるという点で、一定の重要性を認める余地があるように思われる。しかし、植物のもつニーズをそのようなものとみなし、それに従って行為しなければならないというのは、ほとんど不可能な要求である。植物のもつ生存のためのニーズが、私たちや動物が生存のためにもつニーズと同程度の責務を生じさせるということに本当になるのだろうか。

まず、少なくとも、トムソンやウィギンズの論点に照らして考えるならば、植物が害を被るということを説得的に論じることは難しいと考えられる。[29] 確かに、農作物が虫などによって食べられてしまうことを害と言うことはある。しかしそれは、人間の利害関心に照らして言われる派生的な意味での害だろう。道端の草が虫に食われたことを、その草自体にとっての害だと主張するのは、どこかおかしいように思われる。やはり、感覚をもつことで福利をもち、それゆえその対象の利害について問題にすることが意味をもつような対象でなければ、害を被るとは言えないだろう。それを損なうことが害だと言えるような利害をもつということは、動物に関しては言えても、植物に関して言うことは難しいと考えられる。このことによって、植物のもつニーズと動物のもつニーズの重要性に道徳的な違いが生じると考える余地があるだろう。

それでもやはり植物自体が害を被るのだと主張されるかもしれない。もちろん、そう言いたい人も、植物の被る害が人間や動物の被る害と同じだとは考えないだろう。植物が被るかもしれない害は、人間や動物が被りうる害とは大きく異なっているように見える。植物が害を被るという可能性自体を、否定したり疑ったりする必要はないのかもしれない。しかし、その差は考慮に入れられるべきだろう。もしかしたら、植物が害を被るという主張を受けいれたうえで、そのニーズのもつ道徳的な重要性に、程度や種類の違いがあると考えるほうがもっともであるかもしれない。先に述べた木を薪にすることについてのリーダーの論点からも分かるように、リーダー自身、植物のニーズを小さく見積もり、他のニーズや他の理由によって乗りこえられうるものとみなしている。このように、ニーズのもつ重要性は、さまざまな程度の違いを許すものだと考えることもできる。そうした違いは、上述のトムソンの見解のように、そのニーズの主体が、欲求や「利害関心」をもちうるような存在であるかどうかということによってもたらされる違いとして説明することもできるだろう。[30] 人間や動物は欲求や利害関心をもち、そのことによって、その存在自身にとって生存し続けることが重要になる。そしてそれによって、その生存のためのニーズが私たちにとってより大きな道徳的重要性をもつものとなる。このような考えは、私たちの道徳的配慮についての、ひとつのもっともな説明の仕方であると言えそうである。

b. 欲求や「利害関心」に基づくニーズ

トムソンのように、ある主体が「利害関心」をもつような活動や経験の可能性がその主体から剝奪されることを害とする見解のもとでは、動物のニーズのなかには道徳的重要性をもつような基礎的なニーズと呼べるようなものがある、と主張することは可能だろう。欲求を秩序立てるような、トムソン自身が言うところの「利害関心」という概念として、何らかの合理性のようなものが想定されている可能性は確かにある。そうであれば、動物が「利害関心」をもつと主張できなくなるという懸念はある。しかし、トムソンの主張する「利害関心」の役割を考えてみれば、動物がそのようなものをもつと考えることに何ら困難はないように思われる。個々の動物のもつさまざまな個別の選好や欲求[31]を見れば、それらは、生きることへの「利害関心」によって方向づけられていると言えるだろう。選好や欲求を方向づけそれに秩序を与えることとは、まさにここで言われている「利害関心」の役割であると言える。[32]つまり、動物が生きることへの「利害関心」をもつとすることに問題はないように見える。一方、無生物や植物は、欲求あるいは欲望や選好、そして「利害関心」をもつといった働きをもちえないことから、このような意味で重要なニーズをもつことはないということになるだろう。

c. 自律した生のためのニーズ

コップが目指しているのは、道徳性に関する「社会中心理論（society-centered theory）」を展開することであり、ニーズの重要性もその理論に基づいて説明される。社会中心理論とは、道徳性を、ある社会のなかで生きている人々が自分の価値づけているものを獲得するのに必要な平和や安定を維持するために、その成員が協力することに同意した規範的体系として理解する立場である。[33] そうした背景に基づいて、コップの議論では、自律的な生を送るために必要とされるものが基本的なニーズとされる。そのため、コップも動物がニーズをもつということ自体は認めるが、コップの枠組みのなかで動物のもつニーズがそれ自体として重要性をもつことになるとは考えにくい。[34]

しかし、自律性というこの条件は、本当に妥当な条件だろうか。自律という要素は、確かに、人間という多様で複雑な生を送る存在にとっては重要なものとして取りあげられるだろう。しかしながら、自律した生のためのニーズに関わることによってのみニーズがニーズとして重要性をもつと論じることは、過度な制限であるように見える。乳幼児や重度の障碍のある人のように、まさにニーズが満たされることが重視されるべきであるような、自律した生を送ることのできない存在のもつニーズが、そのような制約のもとでは請求として認められないのではないだろうか。もちろん、たとえば社会の安定といった観点に言及することで、そういった存在のニーズを満たすことも道徳的な訴えをもつとすることは可能だろうが、それはそのニーズがそれ自体請求としての重要性をもつということとは異なる。

自律した生のためのニーズに重要性があるということはもっともな主張であるが、それだけが重視されるというのは行き過ぎた主張であるように見える。重要なニーズの条件をはじめから狭く制限するのではなく、自律以外の目的のためのニーズにもそれ自体としての重要性を認めたうえで、自律した生のためのニーズの重要性を論じることも可能なのではないだろうか。コップの議論は、道徳的に重要なニーズであるための必要条件を提示しているというよりも、十分条件のひとつを提示しようとしていると考えるのがふさわしいように思われる。

以上のように、どのような存在がどのようなときにもつニーズが道徳的に重要なものであるかをめぐる議論には、いくつかのバージョンがあるが、その帰結を検討すると、子どもなどをも除外してしまいかねない高すぎる基準を設ける立場をとるのでなければ、動物のもつニーズもまた道徳的な重要性をもつ場合があり、私たちにはそれを満たす責務があると理解されうる。動物や人間に限らず、存在するもののもつニーズにも一定の道徳的な重要性を認める立場のリーダーも、それぞれのニーズのもつ道徳的な重要性の程度に違いを認める考えを示唆しており、単に存在するもののニーズよりも、動物のもつニーズにより大きな重要性を認めていると考えられる。

そしてそのように道徳的に重要なニーズとみなされたニーズは、人間がそれを満たす責務をもつような道徳的要請をもつニーズとなりうる。つまり、動物はニーズをもち、しかもそれは、私たちが誰かのニーズについて、満たされるべき倫理的な重要性をもつものとみなす場合と同様の意味をもつようなニーズであると考えられる。動物を何らかのニーズをもつ存在として理解し、そのニーズに道徳的な重みを認めるならば、動物は、単に苦痛を与えてはならないということ以上に、道徳的行為者である私たちが何らかの積極的な関与をなさねばならない存在となる可能性が開ける。そしてリーダーが論じるように、ある存在のニーズを満たす責務が実際に生じるかどうかについては、それを満たすのにふさわしい立場にあるかどうかということも問われうる。その点でニーズ論は、人間と動物がどのような関係に立っているかという側面をも考慮に入れ、行為者である人間に何が求められるかを論じうる立場であると言える。

第２節　徳倫理

動物について、苦痛を与えてはならないということにとどまらない配慮のあり方と、動物と向かい合う人間の姿勢という側面に注目する立場としては、徳倫理の議論も挙げることができる。ここでは、動物の生が繁栄したものでありうると論じ、その繁栄を気づかわねばならないとするR・L・ウォーカーの議論と、動物にたいする私たちのふるまいを徳の言葉で表現しようとするR・ハーストハウスの議論を確認する。

1　ウォーカーによる動物倫理の議論

ウォーカーは、アリストテレス的な徳倫理の枠組みに基づき、動物への配慮の必要性について論じる。アリストテレス的な徳倫理によって動物倫理の議論を展開する論者にはハーストハウスなどもいるが、ハーストハウスによる議論とウォーカーによる議論との間の違いは、動物への配慮の必要性を、一方は私たち人間のもつ性格という側面から説明し、他方は動物の生のもつ特徴から説明するという点にある。ハーストハウスは、後で触れるように、動物に苦痛を与えないことや動物を助けることを、有徳な人であればなすこととして示す。そして、正しい行為とは、有徳な人がその状況でその人らしい仕方でする行為であるという主張から、状況に応じた仕方で動物にも配慮するべきであるという主張を導く。一方、ウォーカーは、動物のもつ生は人間の生がよき生であるのと似た仕方でよき生でありうると論じることで、動物の生を気づかう必要があると主張する。ウォーカーの主張も有徳な行為者としての私たちがなすべきことについて論じており、その点で、有徳な行為者のなすべきこととして動物への配慮を主張するハーストハウスの見解の根拠に位置づけられるような議論であると理解することも可能だろう。しかし、ここでのウォーカーの議論の主な力点は、あくまで、なぜ動物の生は有徳な行為者が気づかうようなものなのかということの説明に置かれている。

ここではまず、動物の生がよきものでありうると論じるウォーカーの見解[35]を検討する。ウォーカーは以下の点を前提として議論を進める。つまり、繁栄（flourishing）すなわち幸福な生（*eudaimon* human life）が私たちの究極的な目的であるとし、また、何が徳であるかは幸福（*eudaimonia*）との関わりで決定されるが、幸福は徳だけでは到達できない混合されたものであるとする。そして、繁栄が私たちの究極的な目的であるということによって、私たちの自然本性のうちに規範性が含まれていることを説明できるとする。ウォーカーの立場がアリストテレス的であるというのは、これらの特徴による。

ウォーカーによる動物倫理の議論は、主に先の前提に依拠する二つの柱で支えられている。ひとつめの柱は、繁栄した生という概念をより広く解釈することで、人間だけでなく動物の生も人間の生と似た仕方で繁栄しうるということを示すというものである。ふたつめの柱は、他者の繁栄を気づかうということが、繁栄についての理解から導けるということを示すというものである。

2　動物の生の繁栄

ウォーカーはまず、アリストテレス[36]における人間のよき生についての説明を検討する。アリストテレスによれば、徳は、人間に固有の活動である理性における卓越性であり、さまざまな徳は、一緒になると繁栄した生を構成する個別的な卓越性である。そして、徳を表現することが、まさに人間のよき活動であることから、徳は繁栄した生を構成するとされる。しかしながら、徳があれば繁栄した生になるというわけではなく、さらにそこには、外的な善が必要である。たとえば、極度の貧困状態で生まれたり家族や友人を失ったりした場合、有徳になることが妨げられるか、あるいはたとえ有徳になれたとしても繁栄した生を送れないということがありうる。徳と繁栄と、極度の貧困状態にならないために必要とされるような外的善との間には、徳と外的善がともに繁栄にとって不可欠な要素であるという関係がある。外的善の有無が有徳であることに関わるのではなく、繁栄した生であることに関わると考えられるのは、外的な善の喪失が、徳の発端の段階においては徳の獲得を妨げるとしても、必ずしもすでに構築された徳を掘り崩してしまうわけではないからである。また、繁栄は、自身のコントロールを超えた要素をもつとアリストテレスが論じていることからも、常に当人のコントロールのうちにあるわけではない外的善の有無という要素は、徳の獲得に関わるというよりも繁栄した生の獲得に関わると言える。

有徳であることは、繁栄した生であるための十分条件なのではなく必要条件であり、それゆえ、繁栄した生にとって、徳以外の要素もまた重要な要素になる。そして、そのような徳以外の要素は動物も関わるものであるとウォーカーは論じる。[37] たとえば、適切な食べ物や飲み物、安心して眠れる居場所、十分な日光と暗闇、身体的な健康といった外的な要素は、人間の生をよきものにするのにも、動物の生をよきものにするのにも共通して必要とされるように思われる。しかし、たとえ動物がそのような要素に関わるとしても、動物が理性的な働きにおける卓越性である徳には関わらない以上、人間の生がよき生であるのと同じ仕方で動物の生がよきものであるということはありえないと考えることもできるだろう。

この懸念にたいし、ウォーカーは、人間の繁栄を構成する要素としての人間の特徴的な機能が、人間に独自の機能である必要はないし、一元論的である必要もないと論じる。[38] かりに実践的な理性という機能を人間以外の存在と共有していたとしても、その機能の重要性が減ぜられてしまうことにはならないように、何らかの機能を他の存在と共有していたとしても、その卓越性が私たちの繁栄にとって重要な要素であるということは十分に可能である。また、人間にとって特徴的な機能を、単一の機能として考えるよりも、私たちの種に特徴的であるような機能を組み合わせた総合的なものとする考えのほうがより説得力があるだろう。そのため、人間と動物は、まったく同じ仕方ではないにせよ、重要な要素を共有した仕方でよき生を送りうると言える。人間と動物に共通する機能としてウォーカーは、たとえば、他者と関わる能力や、他者に共感する能力、身体的活動に従事する能力、住まいをつくる能力、落ち着いて眠る能力などの基本的な能力や活動を挙げる。もちろん、理性のような人間に固有の機能が繁栄のために不可欠であるという考えもあるだろう。しかし、徳の発展や維持が理性を機能させることだけに依存するものだとしても、繁栄した生を送るためには、理性以外の機能や外的善も必要であると考えられる。そして、人間と動物は、これらの要素を共有している。繁栄を構成するものと繁栄に寄与するものとを区別することの重要性を指摘しながらも、ウォーカーは、人間の繁栄した生は、理性を表す活動のみによって構成されると考えられるものよりもずっと広く、動物と共有する要素を含むものとして理解することができると主張する[39]。

さらにウォーカーは、ある種の動物の活動のなかには、道徳的な徳の初期的要素に関わると言えるものもあると論じる[40]。私たちは、動物による徳に似たふるまいによって心を動かされることがある。たとえば、燃えている建物から飼い主[41]を「英雄的に」助ける犬は、勇気の典型例として私たちの道徳的な感覚に影響を与えるとウォーカーは考える。それは、たとえばクモを「意地悪い」などと表現する場合のような人間による単なる徳の投影によってそう見えるのではなく、より発達した傾向性を反映したふるまいとして私たちの徳と類比的にとらえられるものとみなされうる。さらに、動物が人間の繁栄にとって重要な他の機能を部分的に共有している可能性があるとして、ウォーカーはたとえば、動物が何らかの形で実践的な理性を使い、また人間の感情に非常に近い感覚をもつということがありうると示唆している。

ウォーカーは、人間の繁栄した生にとって、徳、徳以外の特徴的機能、外的善が重要な要素であることを示し、そのなかで、ある動物は、徳や感情といった高次の機能に関して、その初期的な段階を人間と共有しており、そうでない動物も、人間の繁栄にとって重要であるような機能、たとえば他者との関わりや身体的活動、適切な栄養の摂取や適切な性的満足、感覚知覚といった機能を人間と共有すること、さらに、動物はその生において何らかの外的善を必要とするという点においても人間の繁栄した生と共通するということを示す。それにより、動物は、人間と重要な点で似た仕方で繁栄した生を送りうると考えられるとする。人間と動物で違う点は、人間はどんな生がよき生であるのかをある程度自分で決めることができ、他方の動物は、その固有の機能が何であるのかが外部から確定されるという点である。具体的には、その動物にとって普通の長さの生を、その動物らしい仕方で、たとえば、ふさわしい食べ物を手に入れ、危険を避け、安心できる住まいをつくり、健康な子をもちながら送ったとすれば、それはその動物にとってのよき生であったと言えるだろうとウォーカーは考える。[42] 人間の繁栄と動物の繁栄は、徳という人間に固有の機能における卓越性のみに注目して考えれば、まったく異なるものとして理解される。しかし、ウォーカーによれば、「人間がある種の動物である以上、私たちの生をよくするのと同じ種類のものが、人間以外の動物の生もまたよいものにする」[43] のである。

3　繁栄した生への配慮

では、動物が私たちとよく似た仕方で繁栄した生を送りうるということは、私たちにとってどのような意味をもつのだろうか。ウォーカーは、他の人間の繁栄を気づかわねばならない理由を検討することで、私たちにとって動物の繁栄がどのような意味をもつかについて示唆を行う。すでに確認したように、繁栄は、人間の究極的な目的であり、それによって人間の倫理的目的が基礎づけられると考えられる。ここで問題なのは、「事実上の人間の究極的な目的、テロスであるよき生は、なぜ、有徳なものとしての私たちが、自分自身のためだけでなく、それ自身のために大切にせねばならず、私たちが自然な愛情をもつ人のためだけでなく、同じ目的を目指すすべての人のために大切にせねばならないようなものなのか」[44]ということである。徳は、繁栄した生を構成する重要な要素であるが、繁栄した生を獲得するためになされた行為は、有徳な行為にはなりえない。有徳な行為であるためには、その行為がそれ自体のためになされたものである必要がある。そのため、有徳に行為するには、そして特に自分の自然な愛情の対象でない他者の繁栄を気づかうには、そのような仕方で行為することがよいことであると言えるための何らかの理由がなければならない。もちろん、他者を気づかうということは、何がよい行為であるのかということを学ぶときに、すでによい行為として学んでいることである。しかし、その事実は、単にどのようにして他者を気づかう行為をするようになるかということの説明にしかならないとウォーカーは指摘する[45]。それをするべき理由が何なのかという問いにこたえるには、他の説明が必要なはずである。

ウォーカーは、その理由がどのようなものかについて次のように説明する[46]。ウォーカーによれば、よき生は、私たちの固有の究極目的であるため、まずは自分のものとしてその目的が正しく認識される。そのとき、その目的が大切であるのは、単に自分にとっての目的だからなのではなく、誰かのものであるその目的が、よき生を目指すという固有の目的であることによる。もしも、自分以外の者にとってもよき生が究極的な目的であるということを正しく評価できていなかったら、よき生が本当によきものであるということを理解できていないことになるとウォーカーは考える。よき生は、自分や自分の愛情の対象以外の存在のものであっても、十分に尊重しなければならないような種類の目的であるとされる。

ここでウォーカーは、相手の生の繁栄を気づかうべきなのは、単に他の人間が自分と似ているからなのではなく、相手も相手自身の繁栄を目指しているという特徴をもつがゆえなのだと指摘する。またウォーカーによれば、相手の繁栄を気づかうには、相手の目指す繁栄が、私たちにとってもよきものとして評価されるものであり、私たちと共有されたものであることが必要である。そして、これまで示してきたように、動物の目指す繁栄した生は、特に、徳以外の特徴的機能や外的善といった要素を人間と共有している。そのため、他の動物の生もまた、私たちとよく似た仕方での繁栄を目指すものとして評価され、尊重する必要があるものとして理解されるということになる。

最後にウォーカーは次のような批判について検討する。[47] 自分自身のよい目的を適切に認識できる人間と違い、反省的意識のない存在は、繁栄した生を自覚することができず、その生がよいものであったり悪いものであったりすることを認識できない。そうだとすれば、その生は私たちの繁栄した生とは種としてまったく異なるはずだという批判である。ウォーカーによれば、ここで問題となっていることは、動物の生が私たちの繁栄した生と似た要素をもつかどうかという点だったのであり、自己意識の有無はその点に関して決定的な要素ではない。ある存在が自己意識をもつかもたないかという要素が違いをもたらすとしたら、それは、その存在にたいしてどのような行為をなすべきかあるいはなすべきでないかということに関してである。たとえば、未来の感覚をもたず自己意識のない存在を、痛みを与えずに殺すことは必ずしも無情ということにはならないかもしれないとウォーカーは考える。「リスが自身の繁栄した生の本性に関する自己意識的な気づきを欠いていることは、その繁栄をそれとして減じることにはならないが、その繁栄に関わる私たちの責任の本性を変える[48]」のである。

以上が、ウォーカーによるアリストテレス的徳倫理に基づく動物倫理の主張である。この議論でウォーカーは、なぜ自分と関わりのない対象の生の繁栄を気づかわねばならないのかという問いへの答えとして、人間の究極的な目的である繁栄した生がもつ価値を正しく認識することの重要性を指摘する。これに加え、繁栄した生という概念が、人間だけでなく人間以外の動物にも適用されうるということを示すことにより、動物の生の繁栄を気づかうべきであるという結論を導く。ウォーカーの議論は、繁栄した生をもちうる存在の繁栄した生の価値が、それを気づかう理由を私たちに与えるということを示そうとしている。それにより、繁栄した生をもちうる存在の範囲に含まれる動物に関しても、私たちはその生の繁栄を気づかうべきであるということが導かれるのである。

4　ハーストハウスの議論

ハーストハウスもまた、徳倫理に基づいて動物への配慮を論じるが、ウォーカーが動物の生の繁栄という動物のもつ特徴に焦点を合わせるのにたいし、ハーストハウスは動物と接する際の人間の徳に焦点を合わせる。ここではまず、ハーストハウスがとる徳倫理の立場そのものを少し詳しく見る。そののちに、動物への配慮について論じるハーストハウスの議論のもつ特徴を確認する。

徳倫理とは、徳や悪徳の用語によって人や行為を評価する理論である。[49] 徳倫理において、正しい行為は有徳な行為者への言及によって規定される。つまり、ある行為が正しいのは、それが、もし有徳な行為者がその状況にあるならなすであろう、有徳な人にふさわしい行為であるときそのときに限るとする。一方、功利主義は、ある行為や規則が正しいのは、それが、最善の結果をもたらすときそのときに限ると主張し、一般的な義務論では、ある行為が正しいのは、それが、正しい道徳規則や道徳原理に則しているときそのときに限ると主張する。このとき、功利主義において最善の結果とは、幸福が最大化されるような結果であり、義務論において正しい道徳規則とは、普遍的で合理的に受容される規則として規定可能である。では、ここで徳倫理の言及する有徳な行為者とは、どのような行為者なのかというと、それは、徳を身につけ、それを発揮する人物であるとされる。そしてまた、悪徳の用語によってあらわされるような行為をしない人でもある。ではここで言及される徳とはどのようなものかというと、それは、よく、立派で、賞賛に値するような性格特性（character trait）であり、人間がエウダイモニアを達成するため、つまりよく生きるために必要な構成要素であるとされる。反対に悪徳は、卑しむべき、賞賛に値しない性格特性である。

徳と有徳な行為についてM・ローランズは以下のようにまとめている。[50] 徳とは、その所有者のうちに深く確立された、多要素から成る性格特性である。所有者のうちに深く確立されているとは、複数の行為のタイプにおいてあらわれ（たとえば、誠実さの徳は、他人から盗まないという事実だけでなく、他人の失ったものを取り返すために最善を尽くすという事実にもあらわれる）、そのあらわれが時間を通じて安定しているということである。また、徳が多要素から成るとは、徳が、ふるまいについての安定した傾向性だけに存するのではないということである。徳の構成要素であるためには、ふるまいについての安定した傾向性が、それ単独ではなく、判断や感情といった適切な周辺的文脈に位置づけられねばならない。したがって、徳を所有するということは、所与の状況において特定のことをするという単一の傾向性だけでなく、その状況に「適切な（appropriate）」判断や感情、思考、感覚をもつ傾向性ももつということであるといえる。たとえば、発覚や罰を恐れるからという理由だけによって、誠実なことをし、不誠実なことを避ける傾向をもちうる人について考えてみる。確かにその人は誠実なことをしてはいるが、その人のもつ傾向は、感情や判断、その他の評価的行為といった適切な周辺的環境に位置づけられていない。そのため、誠実さの徳の部分を成してはいないと考えられる。このように、ある人に徳を帰属させるためには、その人の行為のみを観察するのではなく、その行為の理由についても知る必要がある。

以上の検討をふまえると、徳倫理とは、適切な動機や感情をもつということも含めた意味で有徳な人がするような仕方で、有徳な人にふさわしい行為をすべきであると主張する立場であるといえる。そのため、徳倫理は、どのように行為すべきか決定するために、自分の置かれている状況を細かく検討し、自分がそのように行為したら、自分の置かれているその特定の状況において、思いやり深く行為していることになるか無情に行為していることになるか、誠実に行為していることになるか不誠実に行為していることになるかということを考慮するよう命じるのである。このように、当該の状況の細かな特徴や、行為の際の動機や感情に目を向ける点が、徳倫理が行為そのものではなく、行為者を評価の基準にするポイントである。同じ約束を守るという行為でも、状況によっては、誠実とも自分勝手とも評価されうる。また行為としては同じ行為でも、その行為の動機やそれに伴う感情の種類によって、その行為は思いやり深いとも自分勝手とも評価されうる。徳倫理において、有徳な人が行為するように行為するためには、それを表面的に行うのではなく、それを有徳な人がするように判断し、有徳な人がもつような理由や動機からするのでなければならない。また、この点に関連して、行為者に注目するポイントとしてもうひとつ挙げることができる。それは、正しい行為をし損ねたことへの後悔や割り切れなさをも視野に入れた評価をすることができる点である。[51]それは、特に、どちらも道徳的に悪い行為である行為xと行為yのどちらか一方を必ずしなければならないというジレンマの状況で明らかになる。そのとき、行為xも行為yもどちらも悪いが、行為xの方がよりいっそう道徳的に悪いという場合、その理由から行為yを行うことが道徳的に正しいとされるだろう。それはどの理論でも同じである。しかし、どちらの行為をすることが正しいかということに注目する義務論や功利主義においては、行為yをすることは、道徳的に正しい選択であると判断されることになる。一方、有徳な人ならばどのような仕方で行為するのかに注目する徳倫理では、それが道徳的に正しい選択であってもなお、行為yが、有徳な人がなしたいと思えるような、十全な意味での正しい行為ではないことに目を向け、行為yをなすことへの後悔や躊躇をも視野に入れた評価基準、行為指針を提供するのである。

以上が徳倫理の骨子である。ハーストハウスは、このような立場にたいしてよくなされる批判に応えている。[52] その批判とは、私たち普通の人には、それぞれ細かに異なる個別の状況において有徳な人が何をなすかなど分からないので、徳倫理の提出する指針は、指針として役に立たないというものである。この批判は、日常的なレベルの行為指針の提供についての批判と、より解決の困難な複雑な状況における行為指針の提供についての批判の二つに分けて論じることができるだろう。まず、日常レベルの指針に関するハーストハウスの見解は、徳倫理は一般的な人にもアクセス可能なある程度の規則を提供するというものである。諸徳は、それぞれ、たとえば正しく、親切に、勇敢に、誠実に、行為せよといった仕方で、積極的な行為の指針を提供する。そしてまた、悪徳の用語はそれぞれ、不正に、残酷に、臆病に、不誠実に、行為するなといった仕方で、行為を禁止する。これらの徳や悪徳の用語は、必ずしも理想的な有徳な行為者を想定し、その行為を想像するのではなく、自分自身がもっている概念をそのまま適用することができる。そのため、「もし私が今ここで、このように行為したら、それは徳や悪徳の言葉ではどのようにあらわされるだろうか」と問うことによって、「私は何をすべきなのか」[53] という問いに答えを与えうるのである。

次に、より複雑な状況における指針に関する応答である。その応答とは、正しく行為することは、実際に難しく、実際に多大な道徳的知恵を要するというものである。これでは応答になっていないと批判されるかもしれないが、ハーストハウスの考えによれば、行為指針をもたらすような理論はすべて、何をすべきであるかについて誰でも従いうる明確な指針を提供せねばならないという暗黙の前提こそが問題なのである。道徳的な知識は、数学的な知識とは違い、学校の授業に出たからといって身につくものではない。ハーストハウスによれば、徳や悪徳の用語の正しい適用とは、道徳的な実践知を有する人々によって決定されたものであり、実践知は、人生経験を積んだ有徳な人においてしか見いだされない。そのためハーストハウスは、よい子どもと有徳な大人を明確に区別している。よい子どもは、自然的な徳を有し、その自然的性向からふるまう。しかし、私たちはそういった子どもを有徳な子どもとは呼ばない。子どもはまだ、何が相手にとって利益になることであり、何が害になることなのかを適切に理解するための経験を経ていないため、たとえよい意図をもっていたとしても、無知ゆえに失敗しがちである。また、同情のような感情をもって行為することは、有徳な行為者がするような仕方で行為するために不可欠ではあるが、感情のみによって行為に駆り立てられることは、誤った行為に陥りやすく、よい行為を保証しない。さらにここで、ハーストハウスは、子どものような仕方でふるまう大人は考えがたいと主張する[54]。なぜなら、大人は、傾向性のみから行為するのではなく、何らかの選択を行っているとして評価の対象となるからである。これをふまえ、有徳な人物とは、その状況にたいしてふさわしい感情をいだくと同時に、実践知を働かせることで、よい意図を現実に行為によって実現させることのできる人であると言える。実践知は、人生経験を通して人や人生をよく知り、ある状況において、その状況のもつ特徴のなかで、何が他よりも重要な特徴であるかを見てとる能力を含んでいる。実践知をもつ人は、その状況における適切さを判断することができ、よく生きるとはどういうことかを知っている人である。このような人物のなす適用が、正しい適用であるといえる。確かに、このような立場では、未熟な人間には自力で解決できない状況が生じることになるだろう。たとえば、ある事実を他人に告げることは相手を傷つける不親切なふるまいだろうし、告げないことは不正直であると考えられるとき、その人は、どう行為すべきかについて徳倫理の指針から導き出せないだろう。これは、その状況が理想的な有徳な行為者でさえ陥らざるをえない悲劇的なジレンマでないのであれば、その人が未熟であるがゆえに見かけのジレンマに陥ってしまったのである。なぜかというと、たとえば、この場合には、真実をその人から隠しても、その人にとって有害であるだけで、その人にたいして親切にしたことにはならないといった事実に、親切という言葉を正しく使えるほど成熟していないことによって、気づいていないからである。

このように、確かに徳倫理の指針では、ある人が行為を導けない場合がありうる。しかし、これは徳倫理の欠点ではなく、道徳的にふるまうために周囲の状況を正しく理解し判断することの難しさを的確にとらえている点で、徳倫理の望ましい特徴であるとさえ言えるだろう。また、この道徳的行為の難しさへの着眼は、人は常に自律的で完全に自己決定的な仕方で行為するわけではなく、むしろより道徳的に優れた人間にアドバイスを求めるという事実も説明できる。さらに、常により優れた行為者がありうると想定することで、その状況におけるもっとも重要な特徴に気づく実践知をもつ人の指摘によって、自らの「正」の適用を見直す可能性を常に残すことができる。自分では不正であるとは考えていなかった行為について、より優れた観察や道徳的な知によりその行為の不正さに気づいた人から指摘を受け、その行為の不正さに気づくようになることは、ありうることであると同時に、慢心を避けるためにも想定すべきことでもある。このような柔軟性は、徳倫理の大きな特徴と言えるだろう。

5　ハーストハウスの議論と動物

では、以上のような特徴をもつ徳倫理において、動物とはどのような存在であると考えられ、人間と動物との関係はどのように考えられているのだろうか。ハーストハウスは、徳倫理のひとつの適用として、肉食の問題やペットと飼い主の関係について論じている。[55] ハーストハウスはまず、動物に関して倫理的な問題があらわれてくるもっとも日常的な場面である肉食について、残酷さを避け、真に思いやり深くあるためには肉食を避けるべきであると論じる。[56]
徳倫理では、動物への接し方を含めた私たちのあり方を徳の言葉で評価し、私たちの徳の問題として考える。たとえば、正当な理由なく動物に苦痛を与えることは残酷であるとみなされ、正当な理由なく苦しんでいる動物を見過ごすことは無情であるとされる。一方、道で苦しむ動物を助けることは、多くの場合思いやり深いとされる。このとき、動物を傷つけることが残酷で避けるべき行為であり、動物を助けることが思いやり深くなすべき行為であるという原則を単に主張するのではなく、そのときの状況がどのようであるか細かく検討したうえで、徳の言葉を適用し評価する点に、徳倫理の特徴がある。

ハーストハウスが肉食を残酷だと主張するのは、私たちの肉食を支える工場畜産が動物に多大な苦痛を与えるものであることは否定できず、さらにその苦痛を与える理由が正当化できないと考えるからである。肉食のために動物に苦痛を与えることが正当化できないのは、誠実に考えれば、自分が動物の肉を不可欠なものとして必要としているのではなく、単に肉の味を好んでいるだけであると気づくからである。[57] 通常、動物に苦痛を与えないことは、思いやりの徳によって支持される。その要求に逆らい、肉食から得られる単なる快楽を追求することは、貪欲であり自己中心的であると考えられる。もしかしたら、すでに食用の肉としてパックされて売られている肉を買うことと動物に苦痛を与えることとの間には、直接的な関係はないと考える人もいるかもしれない。しかし、ハーストハウスによれば、確かに自分自身が実際に動物に苦痛を与えているわけではないが、売られている肉を買うということは、そのような慣行の成果を享受することであり、その慣行に与することであるため、それをしては自分を本当に思いやりのある人間としては考えられなくなるという。そのため、残酷な慣行に与することなく、誠実に考え、本当に思いやりのある人間であるために菜食を実践すべきだとハーストハウスは主張する。もちろん、徳倫理の特徴として、絶対的な義務として菜食が主張されるのではなく、その特定の状況で自分がそのように行為することが、どのような行為として表現できるのかということが重視される。

また、ハーストハウスはペット動物の飼育についても論じている。ハーストハウスは、飼い主は自分のペットにたいして特別な仕方で責任をもつと論じる。[58] 自分のペットにたいし、適切な世話をしないことは、無責任である。さらに、たとえば自分のペットが危険にさらされているとき、その救助のためのリスクが低く、自分の死によってうちひしがれるような人がいないのであれば、自分のペットを助けようとすることがよい決断になりうるという。これらの責任は、自分のペット以外の動物にたいしては要求されない特別な責任であると言える。

このようにハーストハウスの動物倫理の議論は、動物を私たちの徳が問題となる対象とみなし、動物への配慮を、道徳的行為者である人間のあり方の問題としてとらえている。さらに、徳倫理は、その状況において生じているさまざまな事実について、柔軟に倫理的な考慮事項として取りいれる立場である。そのことによって、徳倫理の議論においては、対象である動物のもつ能力だけでなく、自身と特定の動物とがどのような関係にあるかという側面もまた重要な意味をもつことになる。

本章で見てきたように、ニーズ論に基づく動物倫理の議論も、徳倫理に基づく動物倫理の議論も、動物に向かい合う人間のあり方を重視したアプローチであると言える。それは、どちらの立場も、対等性や、対象の能力に基づく普遍性といったものを前提するのではなく、自分よりも弱いもの、自分を頼っているものにたいするふるまいや、そのふるまいを導く人間のあり方に、倫理的な重要性を見いだしているからだと言えるだろう。この点で、ニーズ論と徳倫理に基づく動物倫理の議論は、第1章で挙げた懸念のひとつにこたえる観点を備えていると言える。つまり、両議論は、動物をその能力に応じて一律に理解するのではなく、その動物が人間とどのような関係にあるか、人間の援助のもとで生きることを生存や健康の条件とした存在であるかということをも考慮に入れうる。それにより、たとえば野生動物とペット動物にたいして異なる仕方で関わることについて、非難されるべきではないということ、そしてむしろ倫理的に望ましいことですらありうるということを論じることになる立場であると言えるだろう。第1章で指摘したように、人間の援助のもとで生きることをその生存や健康の条件とした動物には、人間が積極的な責務を負うと考える理由がある。ニーズ論や徳倫理に基づく動物倫理の議論は、こうした観点をくみとる立場だと考えられる。こうした側面を重視する議論の重要性については、第6章で再び論じる。

注

1　Wiggins 1998a, p. 6〔邦訳書八頁〕。

2　ニーズと欲求を区別する必要についてはH・G・フランクファートも言及している。フランクファートは、ニーズを満たすことが道徳的に重要なのはそのニーズの目的が道徳的に重要である場合であるため、常にニーズに基づく主張が欲求に基づく主張よりも力をもつわけではないとしたうえで、次のように述べる。Bが欲しているけれど必要としているわけではないような何かをAが必要としているときには、Aのニーズを満たすことが、Bの欲求を満たすことよりも一見自明の仕方で（prima facie）道徳的に好ましい（Frankfurt 1998, p. 20）。

3　Copp 1995, p. 173.

4　Reader 2006, p. 338.

5　Reader 2007, p. 56.

6　Wiggins 1998b, p. 35. 本書内での統一のため、記号などの表記を変更した。

7　ここで、状況が実際にそうである状況とは、Xが害を避けるにはYをもつことが必然的であるような時点tの状況のことをさす。このとき、Yをもつことが不可能であっては、そのニーズの主張は力をもたなくなる。また、ある時点tに、Yが満たされることによってXに生じる未来に関して、どのような未来が現実的で道徳的に受けいれ可能な代替的未来であるかということは状況によって相対的に定まる。そのためウィギンズは、以下のような定式化も行う（Wiggins 1998b, p. 38）。

関連する期間のうちに生じると（経済的に、技術的に、政治的に、歴史的に、等々）考えることができる、道徳的、社会的に受けいれ可能な世界のバリエーションがどのようなものであれ、もしXにYがなかったらXが害されるだろうとき、そのときに限り、XはYを（絶対的に）必要とする。

8　ニーズの「深刻さや重大さ」は、Yなしでやっていくことで、どれほどの危害や苦しみが生じるのかということで決まる。ニーズの「緊急性」は、もしもYがなかったら些細とは言えないような危害や苦しみが生じるという場合に、どれだけ早くYが供給されねばならないのかという問題である。ニーズが「確立されている」とは、Xが害されないような代替未来を考えようとしたとき、その未来を予想可能で道徳的に受けいれ可能なものにする限界のラインをどのように設定しようとも、Yが必要とされ続けるということである。ニーズが「基本的である」ということは、確立されたニーズの特別な事例として考えることができる指標である。つまり、XがYをもっていないにもかかわらず害されないままでいるような代替未来の可能性が、自然法則や一定で不変の環境上の事実、あるいは人間の構造（constitution）についての事実によって排除される場合には、XのもつYへのニーズは基本的であると考えられる。最後に、あるニーズが「代替可能」であるということは、XがY以外の何かをもつことによって、危害を免れうるということである。その場合、何かを必要とすることは変わらないが、Y自体へのニーズは弱まることになる（Wiggins 1998b, pp. 38–39）。

9　Wiggins 1998b, p. 40.

10　さまざまな論者によるニーズの特徴づけについては、Miller 2012, pp. 16–22 で詳しくまとめられている。

11　Reader 2007, p. 56.

12　Reader 2007, p. 57.

13　Reader 2007, pp. 89–90.

14　Wiggins 1998b, p. 40.

15　Anscombe 1981, p. 31〔邦訳一五四頁〕。

16　Thomson 2005, p. 184. トムソン自身によるニーズの説明は次のようになる。トムソンは、道具的なニーズと基礎的なニーズ（fundamental needs）を区別する。道具的なニーズは、目的の達成や欲求の充足のための要件であり、その目的や欲求の中身がどのようなものであるかは問われない。他方、YがXにとっての基礎的なニーズであるということは、Yが派生的ではなく、Xが深刻な害を経験しないための不可避的な要件であるということである。そのようなニーズは疑う余地のない価値をもつ。そのニーズ以外のニーズをもつべきだとか、そのニーズをもつべきではないと言うことができないという意味で、そのニーズは基礎的である。さらに、基礎的なニーズの場合、Yが満たされないことによって害が生じることもまた、不可避的である。つまり、

Yを必要とするときの目的Zは、Xの生や生の質に関わるものであり、具体的には、特に深刻なタイプの害の回避ということになる。

17　Thomson 2005, p. 178.

18　Thomson 2005, p. 182.「利害関心」はこのように、ある主体の行為の理由を説明したり、欲求を評価したりすることを可能にする概念であるが、その「利害関心」の主体がその「利害関心」を自覚していることは不可欠ではない。

19　Thomson 2005, p. 181.

20　Thomson 2005, esp. pp. 181-182.「利害関心」という概念に訴えることで、欲求を解釈することが可能になる。つまり、ある人のもつ見たところまったく異なる複数の欲求が、ある「利害関心」という共通の動機となるような源泉をもつと考えることができ、それによって、さまざまな欲求の共通性を理解することが可能になる。また、欲求がなぜ変化するのかを説明し、そのパターンを理解することができる。つまり、動機となるような中心的な核としての「利害関心」が比較的安定したものとしてあると考えることで、欲求の変化は何らかの信念の変化によって生じるだけで、変化した欲求も変化する前の欲求も同じ源泉から生じたものであり続けると理解することが可能になる。

21　Thomson 2005, p. 185.

22　Thomson 2005, p. 185.

23　Copp 1995, p. 176.

24　Copp 1995, p. 178.

25　Copp 1995, p. 203.

26　Copp 1995, p. 177.

27　Copp 1995, p. 205.

28　Reader 2007, p. 57.

29　実際リーダー自身は、ニーズの重要性を論じる際に、害の概念よりも生存や存在の価値を強調している。

30　トムソンの議論は、「利害関心」をもつような存在以外はニーズをそもそももたないというものであるかもしれない。しかしそれは、コップが重要なニーズの条件を自律に設定することが制限のし過ぎであるのと同様に、制限が強すぎると言える。そのコップですら、植物がニーズをもつということ自体は認めている（Copp 1995, p. 174）。トムソンの議論は、ニーズをもつような存在の条件についての議論ではなく、どのようなニーズが重要性をもつかという条件についての議論だと理解するほうが、適切だと言えるかもしれない。

31 ここで欲求と呼んでいるのは、必ずしも言語的な信念を必要とするような意味での欲求ではなく、動物にも適用しうるような心的な働きのことである。

32 動物は、さまざまな選好や欲求をもつと考えられるが、「利害関心」という概念に訴えることでそれらの選好が一定の統合性をもって説明されうる。また、ある動物のもつある特定の欲求が、その動物にとってよくない場合ももちろんある。そのとき、「利害関心」という概念は、いったい何が動物自身にとって優先されるべきことなのかをよい説明する助けにもなると考えられる。

33 Copp 2011, p. 288.

34 コップ自身は、動物への配慮について次のように論じている（Copp 1995, pp. 204-206）。つまり、感覚をもち、痛みや苦しみを経験しうる存在である動物もニーズをもち、そのような存在のニーズは私たちの同情や親切さを引き出す傾向をもつ。そして、そのような仕方で気づかれたニーズにたいして、その対象が自分の属する社会のメンバーでないからといってそれに応答しないことは、自分の属する社会のメンバーに同情心や親切心をもって応答する私たちの傾向を弱めてしまう。そのため、人々の基本的なニーズを満たしその社会の安定や調和を促進するためのものである道徳的なコードによって、私たちには動物への同情や親切さを示すことが求められる。コップの考えでは、動物が、私たちがもつ人間への義務とは独立の、基本的な道徳的地位をもつという規範的レベルの主張と、社会中心理論というメタレベルの主張とが両立するという仕方で、動物に配慮するという私たちの責務が確保される（Copp 2011, pp. 299-300）。

35 Walker 2007.

36 『ニコマコス倫理学』二五―三六頁（第一巻第七―八章）。

37 Walker 2007, p. 177.

38 Walker 2007, p. 181.

39 Walker 2007, pp. 182-183.

40 Walker 2007, p. 185.

41 ウォーカーは"human companion"という表現を使っている。

42　さらにウォーカーは、動物の繁栄には、その種の一員としての動物にとってのよさと、個別的な動物にとってのよさの両方のタイプがありうると示唆している（Walker 2007, p. 184）。
43　Walker 2007, p. 185.
44　Walker 2007, p. 180.
45　Walker 2007, p. 179.
46　Walker 2007, p. 180.
47　Walker 2007, pp. 186–187.
48　Walker 2007, p. 187.
49　Hursthouse 1999, 2000.
50　Rowlands 2009, pp. 98–99.
51　Hursthouse 1999, pp. 44–48, 71–77〔邦訳書六六―七四頁、一一一―一二〇頁〕。
52　Hursthouse 1997, pp. 220–221〔邦訳書二二〇―二二一頁〕。
53　Hursthouse 1999, Chap. 2.
54　Hursthouse 1999, pp. 99–107〔邦訳書一五一―一六三頁〕。
55　Hursthouse 2006.
56　Hursthouse 2006, pp. 141–143.
57　ここからハーストハウスは、動物の肉からしか栄養をとれないような環境に住む人による肉食は許容されると論じる（Hursthouse 2006, p. 142）。
58　Hursthouse 2006, p. 140.

第3章　動物のもつ倫理的重みをめぐる議論

ここまで、動物倫理の主要な議論として、功利主義や義務論による議論を概観し、それらの議論がもつ限界を指摘した。そして、それらの立場とは異なる側面を重視する体系的な立場として、ニーズ論と徳倫理に基づく動物倫理の議論を検討した。ここでは、第1章で提示した課題の第一のもの、つまり、動物がもつ倫理的な重みを私たちが理解するための足がかりとして、特定の理論的立場において重要とされる性質のみに注目するのではなく、動物のもつ内面的な特徴をより豊かなものとしてとらえるという課題に取り組む。

ここまでで見てきたように、動物への配慮を特定の理論に基づいて論じる議論が何に注目しているかには、大きく分けて二つの方向性があると言える。功利主義や義務論は、動物がかれら自身でもつ能力について論じる立場であり、ニーズ論や徳倫理の議論は、動物に向かい合う人間のあり方を重視する。問題は、第1章でも指摘したように、動物倫理の多くの議論が主張してきた動物への配慮の必要性という主張が、そもそも真剣には受けいれられていないという可能性がある点である。こうした状況のなかで動物への配慮の必要性を説得的なものにするためには、動物についての議論と人間についての議論という、両面からの議論が必要であり、さらに、それらの側面について、特定の理論的立場によって重視される特徴という制約にとらわれることなく、倫理的配慮につながる特徴を豊かな仕方で描き出す必要がある。

本章では、二つの側面のうちの前者、つまり動物がかれら自身でもつ能力に関して、功利主義や義務論の議論からは取りこぼされてきた側面に注目する。それによって、動物への配慮の必要性をよりもっともなものとして示すとともに、動物への積極的関与と、動物の死について、倫理的な問題として論じる必要があると指摘する。

第１節　倫理的な重み

第１章でも述べたように、私たちは、動物が何らかの意味で倫理的な重みをもっているということを、すでに認めている。私たちは石を蹴飛ばすことと、子猫を蹴飛ばすことを同じように考えはしない。自分の椅子の脚を折ることは倫理的な問題にならないが、自分の飼う子猫の脚を折ることについては、その是非が問題となるような倫理的な領域の事柄として考える。こうした違いについて、Ｒ・ノージックは『アナーキー・国家・ユートピア』において、次のような架空の状況を描き、読者に問う。[1] もしも、音楽に合わせて指を鳴らすことによって、所有者のいない多数の満ち足りた牛が苦しんで死ぬことになるという奇妙な因果的なつながりの存在をあなたが知ったとしたら、あなたは、それでも自分が指を鳴らすことに何の倫理的な問題もないと考えるだろうか。もし、そこに何らかの問題があると考えているなら、あなたは牛には倫理的な重みがあると認めていることになる。ノージックの言うように、そうした連鎖があることを知っていながら、音楽に合わせて指を鳴らすような些末なことをしたいがために、それによって犠牲になる多数の牛のことを考えない人がいたとしたら、そうした人は倫理的に責められてしかるべきだと多くの人は考える。動物への配慮の必要性を真剣に主張する議論にたいして、ばかばかしいと反対したくなる人であっても、動物がそうした重みをもつということを、実は認めているだろう。[2]

しかし、もしかしたら、そうすることが倫理的に問題であるのは、それを知っていながらかまわず指を鳴らすということが、最終的には人間の苦しみや死にたいする無感覚をもたらしかねないからであって、牛自身の苦しみや死が問題になっているわけではないと考える人もいるかもしれない。[3] それならば、あなたが指を鳴らすことと牛の苦しみや死との間の因果的なつながりを知らなかったとしてみよう。あなたは何も知らずに日々、音楽に合わせて指を鳴らしていた。しかしあるとき、自分が昨日した指鳴らしによって、多くの牛が苦しんで死んだということを知ったとする。あなたはどう考えるだろうか。もちろん、何ものかが苦しんだり死んだりするようなことを、そうなると知っていながらしたわけではないのだから、その行為は残酷とは言えず、人間にたいする残酷さにつながってしまう懸念などないだろう。しかしそれでも、多くの人は、自分のもたらしてしまったことにたいして心を痛め、苦しむのではないだろうか。そしてそうだとしたら、やはり、牛自身の苦しみや死それ自体の重みを認め、それ自体を問題にしていると言えるのではないだろうか。

動物倫理の議論は、個々の動物がそれ自身としてそうした倫理的な重みをもつということを、さまざまな観点から指摘しようとする試みであると理解することができる。もちろん、ここまで見てきたように、それぞれのよって立つ理論的立場に応じて、それぞれの議論が重視する特徴や、具体的な指針の導き方などは異なっている。しかし、どの立場も、動物が何らかの道徳的な重みをもつ存在であるということを、その理論的枠組みが重視する観点から描き出そうとしている。たとえば功利主義の議論は、動物が快苦を感じる存在であると指摘することで、動物のもつ倫理的な重みを、その感覚的な能力に注目して示そうとする。義務論に基づく議論は、固有の価値をもつのに十分な一連の心的な能力の有無に注目することで、そうした能力をもつ存在は単なる手段として搾取されてはならないといった仕方で尊重される権利をもつと指摘しようとする試みである。ニーズ論の議論は、動物が、人間が満たすべき道徳的に重要なニーズをもつ存在であると指摘しうる。そして徳倫理の議論では、たとえばウォーカーは、動物が繁栄した生をもちうると指摘することで、その生がもつ倫理的な重みを描いている。ハーストハウスの議論は、動物が、かれらにたいする人間のふるまいが、残酷さや親切さといった徳の言葉で表現できるような存在であると主張することで、間接的な仕方で、動物が倫理的な重みをもつことを指摘している。しかし、動物が倫理的な重みをもつということを私たち人間に理解させる特徴は、これだけにはとどまらないように思われる。ここでは、動物への配慮を当然のものとするという目的から、功利主義や義務論といった特定の理論的枠組みに縛られることなく、動物が道徳的な重みをもつという理解につながる観点を示していく。

第２節　ネガティブな側面

ある存在が痛みや苦しみを感じるならば、その存在にたいして痛みや苦しみを与えるような仕方で行為するのは、道徳的に責められうることである。これは、私たちが倫理に関してもつ、かなり基本的な理解であると言えるだろう。痛みや苦しみを与えることが、少なくとも一定程度、倫理的に悪いのでなければ、他に何が倫理的に悪いというのだろうか。相手に苦痛を与えることが正当化されるには、たとえば痛みを伴う処置をしなければその命が危険にさらされるからなど、相応の理由が必要である。痛みや苦しみは、私たちがどのようなときにどのような相手に倫理的に配慮するかを考える際のひとつの基本的な指標であると言える。

動物に関してこうしたネガティブな経験の能力に注目することには、いくつかの利点がある。第一に、すでに述べたように、痛みは、その倫理的な重要性を否定しがたい特徴である。私たち人間もまた苦痛を感じ、可能ならば苦痛を避けたいと考える存在であることによって、苦痛を感じる他の存在の苦痛もまた同様のものとして理解することができる。苦痛を課すことを避けるということは、なぜそれが倫理的に重要であるのか、さらなる根拠を示すことが困難であるほどに、他者への倫理的配慮の基本をなすような理解であるように思われる。そして人間が動物に危害を与えていることがもっとも明らかなのが、痛みや苦しみをもたらす場合である。後で述べるように、このことがかなり明らかなために、むしろ、それだけが動物にとっての危害だと考えられることが問題となりうるほどである。[4]

第二に、痛みは、それを感じる能力の有無について、ある程度科学的に示すことができる特徴である。[5]たとえばシンガーは、動物が苦痛を感じるということを否定しようとする人々に向けて、次のように論じる。[6]もちろん理論上は、相手が人間である場合でも、相手が痛みを感じているという想定は誤りでありうる。しかし、私たちは自分の友人が実は精巧なロボットであって痛みを感じていないのではないかと疑うことはしない。他の人が自分と同様に苦痛を感じると想定することが正当化されるならば、動物の場合にはそれが正当化できないとする理由があるだろうか。人間同士の場合に、相手が苦痛を感じていると推測させるさまざまな兆候のほとんどすべてを、他の動物に、とりわけ哺乳類や鳥類にも認めることができる。たとえば、悲鳴や身もだえ、回避的な行動、苦痛が繰り返されると気づいたときに見せる恐怖の様子といった、行動上の兆候を動物も見せる。そして、私たちが苦痛を感じるような状況に置かれた動物の生理学的な反応、つまり血圧の上昇と低下、瞳孔拡散、発汗、心拍数の上昇といった兆候も人間と同様のものである。さらにその神経系は、人工的に作られたものではなく、人間と同様に進化してきたものである。生理学的にほぼ同じで、共通の起源と進化上の機能をもち、同じ状況で同じように働く神経系が、主観的な感覚のレベルにおいてだけはまったく異なった仕方で作用すると想定するほうが不合理である。

それでも動物に関して、痛みが苦しく避けたいものとして意識されているということを否定しようとする人もいるかもしれない。[7]しかし、生理学上の証拠と行動上の証拠のどちらもが動物に関して痛みの存在を示しているにもかかわらず、それを否定しようとするのであれば、人間についてさえも、他者が痛みに苦しむことをも疑うような立場に立つことになるだろう。そうした極端な立場をとるのでない限り、動物を、痛みに苦しむ存在として理解するのがもっともである。[8]

第三に、動物をめぐる問題には、動物がかなりの苦痛を被っているという状況が多くある。したがって、動物の苦痛に目を向けることは、動物の苦痛が甚だしい場面にたいする批判としての実践的な有効性があると言える。たとえば、集約型畜産（intensive farming）――いわゆる「工場畜産（factory farming）」――において、食肉用として飼育される雄子牛の飼育方法は、湿度と気温が高く暗い小屋で、ワラを食べることができないよう轡《くつわ》をはめ、早く太らせるよう動けないくらいの狭い枠場のなかで高濃度の液状のエサを大量に与えて育てるというものである。このとき、より多くの液状のエサを摂取させるため、水は与えられない。[9]ワラを食べさせないのは、より赤みの薄い肉という付加価値を得るために、子牛を貧血にさせることを目的とした処置である。このような飼育方法においては、横になることができないほどの狭い枠場であることによる睡眠不足と、鉄分不足によって、胃潰瘍や呼吸器病が多発し、身動きがとれず身づくろいもできないストレスや仲間との社会的遊びができないストレスにより、常同的な「舌遊び」という異常行動が出現する。また、和牛のような肉用牛は、肥育のため、高エネルギー飼料が供給され、ワラは最低限しか供給されない。このような飼育のもとで、濃厚飼料の多給が原因の消化器病や過密で閉鎖的な屋内飼育が原因の呼吸器病が発生し、また、子牛同様、舌遊びの異常行動が多くみられる。そして乳牛は、上述のように、乳の生産量の急激な増大により、乳房炎や関節炎といった病気にかかりやすくなっている。[10]動物の感じる苦痛に焦点を合わせて論じることで、こうした状況のもつ問題性を分かりやすく浮き彫りにし、改革の必要性を示すことができる。そのようにして社会に集約型畜産業の実態を知らしめたのがルース・ハリソンによる『アニマル・マシーン』である。[11]この著作が契機となり、畜産における福祉の基準である通称「ブランベルの五つの自由[12]」が策定されることとなった。

先に挙げた功利主義や義務論による議論は、動物のもつ痛みや苦しみ、そして動物が被りうる危害といった、倫理的な重みに関するネガティブな側面にもっぱら注目する。特に、動物の感じる痛みという感覚的な能力は、功利主義に基づく議論において強調される特徴である。痛みという、その存在も、その倫理的な重要性も否定しがたい特徴に訴えるだけで動物への配慮の必要性を導けるところに功利主義の強みがあると言える。とはいえ、こうした特徴は、これらの理論的枠組みだけが依拠できるものというわけではない。痛みのもつ倫理的な重要性は、どのような理論的立場を支持するか、あるいはそもそも何らかの理論的立場をとるかどうかということとは独立に、倫理についての私たちの基本的な理解のひとつとなっていると言える。

第3節　ポジティブな側面

では、動物への配慮を考える際に、苦痛という側面に注目することで十分だと言えるのだろうか。これまでの動物倫理の議論は、主に動物の感じる苦痛に焦点を合わせてきた。シンガーは、『動物の解放』において、実験動物が置かれている状況とかれらの感じる苦しみ、そして集約的な畜産の現場で鶏や牛や豚に強いられている苦痛を詳細に記述し、そうした苦痛を動物に与えていると知りながらその問題性を真剣に受けとらない人間への批判を展開している。もちろん、功利主義においては、苦痛だけでなく、快もまた考慮されるのであるから、動物のもつポジティブな経験の側面がまったく無視されているわけではない。しかし、動物倫理の実際の議論が、動物の感じる痛み、苦しみ、恐怖といった側面を描き出すことに注力してきたことは確かだろう。

1　動物の喜びと動物の死

ここで、次のような状況を考えてほしい。道を歩いていると、道路に一匹の子猫が力なく倒れていた。炎天下のアスファルトの上、目は目ヤニで開かず、息をするのも苦しそうな状態である。苦しそうな状態を見かねてその子猫を動物病院に連れていったところ、熱中症と脱水と栄養失調で、助かるかどうかは保証できないという。このようなとき、あなたはどうするだろうか。苦痛という側面のみに基づいて考えるとすると、今後も苦痛のある状態が続き、助かるかどうか保証がないのであれば、そのまま死なせる、あるいは安楽死させて、その苦痛を早く確実に終わらせるほうがいいということになるかもしれない。もし私たちが、痛みを感じるということだけによって、ある存在の倫理的な重みを理解し、そうした存在に痛みを課すことは許されないと考えているのだとしたら、おそらく、安楽死を選ぶことにそれほどの問題を感じないだろう。しかし、おそらく多くの人は、治療によってさらに苦痛が与えられるとしても、治療を試みてほしいと望むのではないだろうか。たとえその瞬間には苦痛ばかりの生であったとしても、それによってその子猫の生のすべてを判断することはせず、もし助かる保証がなかったとしても、助かる見込みがあるのであれば、助かる可能性を重んじるのではないだろうか。

このような判断は、現実にさまざまなところでなされている。遺棄されたり動物愛護センターなどに持ちこまれたりした犬や猫の殺処分数は、二〇一四年度で一〇万頭にのぼっていた[13]。この数は、ペットショップで売られるための犬や猫がいまだに大量に作り出されている現状を考えると、非常に多い。しかしそれでも、たとえば二〇〇二年度の四六万頭と比べると、殺処分数はかなり減少し、二〇二二年度には、一万二千頭未満となっている。[14] こうした減少の背後には、殺処分を問題ととらえ、その解消のために活動する市民や自治体等の職員がいる。多くの自治体でなされている犬猫の殺処分は、殺処分機への二酸化炭素ガス注入が主流である。[15] これは、動物を窒息死させるものであり、その動物が意識を失うまで、苦痛や恐怖が続くと考えられる。こうした方法を変えようと、吸入麻酔剤を用いた安楽死を導入した自治体もある。しかし、その当の自治体の職員にとっても、そして殺処分をめぐって活動する人々にとっても、本当に問題なのは、動物が殺されるという現状であって、殺処分される際の動物の苦痛ではない。[16] 安楽死という方法は、動物を殺すことを強いられる現在の制度のなかで、次善の策として導入するものであって、それがなされていればそこに道徳的な問題がなくなると考えられているのではない。

　このとき、そうした判断を導くのは、どのような考慮なのだろうか。問題となっているのは、その存在が苦しむことと死ぬことであり、ここでの判断の違いをもたらすのは、その存在の苦しみだけでなく、その死を私たちがどのように理解するのが適切であるかだろう。動物の死についてどう考えるべきかは、難しい問題である。人間の死に関してであっても、それがどのようにして私たちにとって悪いのかを明確にするのは容易ではない。しかしだからといって、死の悪さが存在しないかのように想定するのも、もっともなこととは言い難いだろう。

　私たちが素朴に死を悲劇として理解するときには、まず、その存在が死に際して感じる苦痛や恐怖だけでなく、その存在がこの先も生きて経験できていたはずのさまざまな経験や充実した生の可能性について考えるだろう。たとえばD・ドゥグラツィアやレーガンは、死の害を、それが剥奪する生の機会に基づいて説明しようとする。[17] ドゥグラツィアによれば、「死は生の継続が可能にする貴重な機会を閉ざしてしまう限りにおいて、手段的な危害である」。[18] そして、感覚をもつ生物であるならば、何らかの貴重な機会をもつことができ、死は、「たとえ彼または彼女がその機会について自覚していないとしても死ななければその個体にとって可能であった種類の生涯を奪う」[19]とする。ドゥグラツィアはこの考えを、死が危害であるということを欲求に基づいて説明しようとする立場を批判しながら提示している。[20]

欲求に基づくアプローチは、死が、未来の計画といった長期的な欲求を妨げたり、生き続けるということ自体にたいする欲求を妨げたりするということから、死が危害であると説明する。だがその場合、長期的な欲求や自分が生き続けるという概念をもたない存在は、死の害を被らないことになる。動物にとって死は問題ではないという考えは、たとえば、アニマルウェルフェア論の考え方のなかにも見られる。アニマルウェルフェア論とは、動物が生きている間のウェルフェア（welfare：福祉・福利）を向上させるべきだという考え方で、一見すると、動物の生がもつ倫理的な重みについて真剣に受けとめ、動物倫理の議論に肯定的な立場であるように思える。しかし他方で、たとえば家畜動物をめぐるアニマルウェルフェアの考え方では、「動物を殺して食べる」ということが前提されており、動物を殺すこと自体の倫理的問題は検討されていない。[21] こうした考えの背景には、おそらく、動物についての理解として、動物は死の概念や生き続けたいという明示的な欲求をもっていないだろうという理解や、動物はただただ、そのときを生きているように見えるという見方があるだろう。[22] 死が死ぬ当の者にとって害であるかを論じる際には、死の概念をもたない者にとって死は問題ではないと結論されることがある。

しかし、もしこうした考えがもっともなものだとすると、たとえば赤ん坊は長期的な欲求や死をめぐる概念をもっていないため、赤ん坊の死をその赤ん坊にとっての悲劇とは理解できなくなる。これは、赤ん坊の死をめぐる理解として適切なものだろうか。私たちは、赤ん坊の死について、その家族だけではなく、当の赤ん坊自身にとっての悲劇とみなしている。それは単なる感傷ではなく、その赤ん坊自身の生から奪われたものを問題にしている。機会の剝奪というドゥグラツィアの考えは、欲求に基づく理解だけでは説明されない、死の悪さの重要な側面を説明することを可能にしていると言える。そして、機会の剝奪という説明からすれば、死は、動物に関してもまた、悲劇として理解されうる。多くの動物は、その生のなかで喜びや充足感、気分の高揚、満ち足りた安心感などを経験する能力をもち、その当の動物がそうした経験にたいする欲求をもっているかいないかとは独立に、生き続けていればそうした経験をする機会があり、死によってその機会は奪われることになる。これは、当の動物自身が感じる苦痛のみに焦点を合わせた場合には、とらえられない理解であり、私たちが死を悲劇であると理解する道筋のひとつであると言える。

ドゥグラツィアの剝奪説の考えは、動物が死の概念をもつかもたないかに関わらず、死が害であると説明するものであるが、私たちが死を悲劇であると理解する仕方は、おそらくそれだけではない。死の概念をもたない存在であるからこそ、死が悲劇的であると言いたくなる面もあるのではないだろうか。死などというものを知らず、喜びに満ち溢れ、世界の幸福を信じて生きている無垢な存在であるからこそ、そうした存在に突然死が訪れることがよりいっそう悲劇的であると考える人もいるのではないだろうか。

幼い子どもの例で考えると、このことはより分かりやすいかもしれない。まだ死というものを知らない幼い子どもは、幸福な状況であれば、日々を楽しく過ごし、そうした世界を疑うことなく生きている。そうした子どもの喜びに満ち溢れたあり方は、それだけで価値があり、そこに突然訪れる死は、満ち溢れた幸福の終焉であり、無垢な信頼への裏切りのように見える。大人の死の場合であれば、その人が死を覚悟していたといった事情があれば、もしかしたら、その当の人が死によって被る危害は、むしろより少ないものとして理解されうるかもしれない。死の概念をもつことによって、人間の大人は、自分にとっての死の危害を大きくすることもあれば、あまり注目されないが、小さくすることもありうる。自分に訪れた状況を受けいれて死んでいくことで、人間の大人の死は、安らかなものでありうる。しかし、幼い子どもは、そういった方法をもたない。何も知らない存在に訪れる死は、端的に悲劇である。

これは、動物に関しても成り立つことである。動物が苦痛を感じるということに焦点を合わせた場合、動物の感じうる苦しみは人間よりも洗練されていないとされ、その苦しみのもつ重みが低く見積もられることがある。確かに、死自体に関して動物は不安をもたず、死に際して実際に感じる直接的な苦痛を除けば、少なくとも多くの動物は死にまつわる苦しみを感じることはないだろう。しかし、動物のもつ喜びに注目すると、動物の喜びが、不安といったものによって減じられない分、余計に純粋で強烈なものだということが分かる。こうした存在に死が訪れることは、その後も感じ続けたであろう純粋な喜びの剥奪という点ではもちろんのこと、そうした無垢な存在に降りかかる消滅として、悲劇であるように思われる。[23] 犬や猫の殺処分を避けるのが望ましいという考えは、単なる感傷や思い込みではなく、死の悪さについてのこうした理解に裏打ちされていると言えるだろう。

死の悪さをめぐるこうした状況を本当に理解するには、そうした存在がどれほど豊かな存在であるかを知っている必要がある。機会の剥奪と、無垢な存在に降りかかる消滅という、死を悲劇と理解する道筋としてここで挙げたどちらの理解においても、そうした存在の苦痛というよりも、そうした存在の喜びや幸福といったポジティブな側面に言及しなければならない。人間について言えば、私たちは自分自身の内面的な豊かさを知っているため、他の人間が何かを楽しみにしたり、何かに好奇心をもったり、喜んだり楽しんだり、満ち足りた気分を感じたりするということを想像することができる。そしておそらく、他者に関するそうした理解は、他者が痛みを感じるという理解と同じかそれ以上に、死にたいする私たちの考え方に影響を与えている。

動物の場合もまた、動物がそうした豊かさをもっと理解することが、動物の死にたいする私たちの態度に影響を与えうる。しかし動物については、それほど多くの人が、そうした豊かな内面をもつ存在として理解しているわけでははないだろう。痛みや苦しみという側面と違って、喜びや幸福は、一目で判断できるというよりも、さまざまな状況でのふるまいを知ることでようやく理解できるものなのかもしれない。そうした側面をここで十分に描くことは困難であるかもしれないが、そうした側面に焦点を合わせることは必要である。ここまで述べてきたように、動物にたいして、痛みや苦しみという側面からのみ理解しようとすることは、動物を一面からしかとらえてないことであり、それによって、動物の死が倫理的な問題としてとらえられにくくなってしまうなどの懸念が生じるからである。

たとえば、すでに言及した畜産動物の福祉に関する「五つの自由」は、畜産動物飼育の基本原則として掲げられており、畜産動物が享受すべき自由が、「飢えと渇きからの自由」、「不快からの自由」、「痛み、傷害、病気からの自由」、「正常な行動を表現する自由」、「恐怖と苦悩からの自由」としてまとめられている[24]。だが、これらは動物の苦痛に注目した項目であり、動物の死自体は問題とされていない。動物の倫理的な重みとして苦痛を感じる能力を強調することによって、動物を殺すということ自体にたいする私たちの考えが、あらかじめ制限されてしまうことになるとは言えないだろうか。たとえばペット動物に関してであれば、私たちは、かれらの内面的な豊かさを、個別的でちかしい関係に基づく経験によって知ることができ、それによって、人間の子どもの場合のように、その死自体を悲劇であると理解しうる。そのようにして得られる動物の豊かな内面についての理解を、たとえば牛や馬や狐といった他の動物に適用することを阻むものはないように思われる。倫理的配慮にとって、死のもつ意味は大きく、ある対象の死が問題であればあるほど、その対象にたいして倫理的に向かい合わなければならないという要請は大きくなる。そうであるならば、多くの動物が、ペット動物のように豊かな内面をもち、それゆえその死が悲劇であるような存在であるということが指摘されなければ、動物をめぐる倫理的な問題に誠実に取り組むことにはならないだろう。

ここでは、死という深刻な状況を例としたが、日常的な配慮の状況においても、動物のもつポジティブな内面的あり方に注目する必要があるように思われる。先に登場した子猫が一命をとりとめ、あなたがその子猫を育てることになったとしよう。子猫はどんどん回復し、食べ物を欲しがり、撫でてもらえば喉をならし、じゃれて遊んだり走り回ったりするようになった。ここには、先に述べた死の悪さを際立たせる要素がある。しかし、この状況には、それとは別の倫理的に重要な要素を見ることもできる。

子猫がこうした状態になったとき、つまり、痛みや苦しみがなくなってその生を楽しむことができるようになったとき、私たちに何が求められうるだろうか。痛みという観点からすれば、もちろんその子猫に苦痛を与えないということは倫理的に求められるが、その子猫は現に何か苦痛を感じているわけではないため、私たちがその子猫に何かを積極的にするということは、倫理的に求められることではないということになる。しかし他方で、その子猫と暮していくなかで、撫でられると目を細めて喉をならし全身の力を抜く様子からはその子猫の安心感と信頼を、おもちゃを振ると目を丸くして体全体で飛び跳ねる様子からは気分の高揚を、おもちゃを動かした音を聞いて遠くから駆けつけてきてこちらを見つめる様子からは、遊びを楽しみにしていることを、私たちは知るようになる。そしてそれを知ったならば、その子猫にとって、そうしたことがない生というのが決してよい生ではないということに気づかされる。もちろん、ある存在の生を悪いものにしないということだけでなく、よいものにするということは、対象が人間の場合でさえ、一般的には、倫理的に求められることとは言えないかもしれない。しかしそれでも、特に、よい生を送ることができるかどうかを自分に依存している存在にたいして、その生をよきものにするためにできることをするということは、倫理的な問題の範疇に入るように思われる。少なくとも、そうした存在にたいする積極的な責務が生じる可能性を、開かないままにしておくべきではない。そうであるならば、その存在のよきあり方について知ることは倫理的に求められることでありえ、そのよきあり方を知るためには、苦痛を感じるかどうかにとどまらない、その存在のもつ内面的な能力を知る必要があるはずである。もしこのとき、苦痛という側面のみに基づいて動物を理解しようとするならば、その子猫を一生、よいことも悪いこともないニュートラルな状態に置いたままにすることに、何ら問題を感じないだろう。

そしてまた、苦痛を与えてはならないという主張についても、動物を豊かな内面をもつ存在として理解しながら見ることによって、その必要性がよりよく理解されるように思われる。本来であれば、喜びに溢れ、期待に満ち、好奇心につき動かされたり、誰かをとりわけ好んだりする存在が苦痛を被っていると理解した場合、その苦痛は、苦痛をただ苦痛とみなす場合よりも大きな意味をもちうる。実際、たとえば戦争が悲劇であるということを私たちが知るのは、ある人の苦しむ姿を見ただけでというよりも、その人が戦争の始まる前には平凡でありながらも充実した日々を送り、他愛ないことではしゃぎ、家族を愛し家族に愛されていたといったことを知ることによってであるという面がある。対象が人間であるときでさえ、人間のそうした側面を再確認する必要があるのであれば、その内面的な豊かさにたいする理解が共有されているとは言いがたい存在である動物を対象とした行為について考えるにあたっては、なおさら明確な仕方でそうした側面を示し、それを受けいれることが重要になるはずである。動物への配慮の必要性を、消極的なものにしろ、積極的なものにしろ、当然のものとするためには、動物のもつ特徴の内面的な豊かさという側面に注目する必要があるように思われる。

以上のように、痛みという観点からのみ動物を見て、その倫理的な重みを理解しようとするのは、動物への配慮の必要性を理解する私たちの実際のあり方という点からも、導かれる関わり方の適切さという点からも、不十分であると言える。動物の倫理的な重みを正しく評価し、動物の問題を本当に深刻なものとして理解するためには、動物の感じる苦痛だけでなく、動物がどれほど豊かな内面をもち、幸福に生きうるかを理解する必要もあるのではないだろうか。これは、こうした内面をもつ存在でないならば、配慮の対象とならないということではない。苦痛を感じることも、豊かな内面をもつことも、動物への配慮を考える際のさまざまな考慮事項のうちのひとつなのであって、苦痛を感じる存在にたいしては、そうした苦痛に関連した相応の関わり方が倫理的に求められる。そして、内面的な豊かさをもつ存在にたいしては、苦痛という側面だけから見るのではなく、その内面的なあり方がどれほど豊かなものであるかを念頭に置いたうえで、どのように関わり、どのように扱うべきなのかを考えなければ、倫理的な配慮のあり方として不適切になりうるということである。

2　動物のあり方

動物がどのような能力をもつのかに関して、痛みを感じるということにとどまらない見方にはどのようなものがあるだろうか。

動物行動学者のＪ・バルコムは、動物の喜びに注目した著書『動物たちの喜びの王国』で、さまざまな動物が享受する身体的な喜びや精神的な喜びの存在を明らかにしようとしている[25]。バルコムは、たとえば、動物がただ楽しくて遊ぶということ、愛や絆といったものをもちうること[26]、わきたつような楽しさ（mad with joy）を感じることなど、さまざまな側面について、動物が快や楽しさを感じるということの根拠となるような生理学上の反応や適応的な意義を挙げるとともに、実際に動物がそれらを示していると言える数々のエピソードを挙げている。たとえば、特に若いネズミは、遊んでいるとき、あるいは遊びなどの楽しいことを予期しているときに、五〇キロヘルツの甲高い鳴き声をあげるという[27]。ネズミが嫌なことに直面しているときは、二二キロヘルツの長々しい鳴き声をたてるというのであるから、そこに内的な違いが生じていると想定するのはもっともなことだろう。また、ネズミを「愛撫」グループと

「くすぐり」グループに分けた実験で、ネズミが五〇キロヘルツの鳴き声をあげる回数を記録すると、「くすぐり」グループでのその回数は、「愛撫」グループの七倍以上だったという。[28] さらに、くすぐりや愛撫を受ける場所までネズミがやってくる速度を測定すると、くすぐりを受けてきたネズミの方が、愛撫だけを受けるネズミよりも四倍速く、人間の手のところに到着したという結果だった。ネズミのこうしたふるまいを説明するには、ネズミが喜びを感じ、それを好んでいると想定するのがもっとも自然だろう。

動物の喜びという側面について、バルコムは動物行動学者として、脳内に分泌される化学物質といった身体の生理学的な反応や進化上の有用性、人間との共通性にも言及しながら、それが動物のなかに確かにあると説得的に示していく。しかし、動物との日常的な関わりや、注意深く設計された環境におけるふるまいの観察を通して得られた、数々のエピソードを提示していくことを通してバルコムが示そうとしているのは、そうしたさまざまなエピソードに見られる動物のふるまいを、動物の喜びや感情という観点なしで説明するのがいかに困難であるかということであるように見える。動物が喜びや感情といった内面的な豊かさをもつということを完全に確かな証拠を挙げて示すよう求めるのは、（人間の他者の心の存在を示すよう求めるのと同様に）無理な要求である。バルコムは、そうしたエピソードについて、もちろん数々の科学的な裏付けを重視しながら、「動物を肯定する観点から――喜びの感情をもつ存在として――とらえたほうが、彼らを切り捨ててかかるよりも、わたしたちが得るものはもっと多くなるはずである」[29]と述べる。

動物の内面的な豊かさを示すようなふるまいにたいしては、しばしば、その方が生存に有利だからといった、本能的な行動としての説明がなされる。つまり、動物がそうしたいからしているのではなく、本能に強いられて自動的にそうふるまっているのだという描像が示される。しかし、なぜ私たち人間がする場合は、遊びは楽しく気分が盛り上がりわくわくすることだととらえられるのに、動物がする場合は、単なる進化上の有用性としての側面のみによって遊びが理解されねばならないのだろうか。バルコムの言うように、「遊びは適応性を増す行動である」が、「遊ぼうとする直接的な動機は、なんといってもそれが楽しいからである」[30]。

バルコムは最後に、「わたしたちが、動物が感じるのは痛みや苦しみだけだと信じているのなら、その痛みや苦しみを取りのぞいてやればすべてうまくいくだろう。しかし、動物たちが喜びの感情ももつとわかれば、話は違ってくる。彼らから喜びを奪うのはよくないと思うようになるのではないか」[31]と述べる。これは、まさに前節で指摘したことだろう。動物のもつポジティブな側面を知ることによって、かれらがどれだけの、どういった倫理的な重みをもっているのかが真に理解できるようになると言える。

動物心理学の知見からは、人間と動物の関係のなかで示される動物の内面的な豊かさの存在も示唆されている。たとえば、犬がもつ人間にたいする信頼を調べた実験では、指差しによって餌の入った容器を示される犬が、欺きの指差しをする実験者を経験した後にどのように変化するかが調査されている[32]。その実験では、二つの容器のうち片方に餌が入っている。実験者は被験者である犬に向かって、容器を指差す。そのとき、実験者は、はじめの二回は正しい指差しで餌の入った容器を示すが、その後、欺きの指差しであると犬に分かる指差しを二回する。すると、はじめの正しい指差しではほとんどの犬が二回とも指差しに従ったが、欺きの指差しを二回経験した後の二回の指差しでは、その実験者の指差しに従う犬の数は明らかに減少した。さらに、次の実験として、二回の正しい指差しの後に二回の欺きの指差しを行ったところで、欺きの指差しをしたその実験者は退室し、別の実験者が登場して次の指差しを二回行った。そのとき、その指差しに従う個体数の減少はほとんど見られないという結果になった。

この実験からは、犬が人間との関係をどれほど重視しているかが示唆されているように見える。もし被験者である犬が、単に指差された先の容器に餌が隠れていることだけを学習しているのであれば、ただ指差しに従えばよいし、単に餌を手に入れたいだけであるなら、わざわざ指差しに注意を払わず、どちらの容器の中も探してしまえば餌は手に入るのである。にもかかわらず、被験者である犬は、ひとまずは指を指した主体である人間を信じることによってそれに従っているように見える。そのようなふるまいは、その犬が人間にたいしてもっている、肯定的で好意的な心情や、相手もまたこちらに好意的なふるまいをするという信頼をあらわしていると考えてもよいのではないだろうか。動物がもつ人間にたいするこうした態度は、日常的にも観察される。本当は自力でドアを開けられる猫が、人間がそばにいるときには、自分ではそのドアを開けようとせず、ドアの前で鳴いて飼い主がドアを開けるまで待ったり、自分では開けられないドアを開けてもらうために、飼い主をその場所まで導いたりする。これらもまた、そうした好意的な信頼の一種だと言えるだろう。第6章で論じることとも関係するが、これは、たとえば犬や猫のような動物は、人間にたいする、場合によっては特定の人間にたいする、ある種の信頼のようなものを、基本的な姿勢としてもっているということである。

本章では、動物のもつポジティブな経験の能力について、それがどのような種類のものであるかを明確に区別せずに、そうした能力を動物がもつと理解することの意義を検討してきた。バルコムの指摘する喜びという側面は、動物が感じる快という、純粋に身体的で一時的な感覚を指している場合もあれば、たとえば、何かに喜んだり何か楽しいことを期待したりといった気分の盛りあがりのような内面的状態や、愛情や愛着といった、対象によってその度合いや有無が異なるような複雑な中身をもつ持続的な内面的状態などを含んでいる場合もある。もしかしたら、ポジティブな経験の能力のなかでも、どのような能力をもつかによって、その動物にたいしてどのように関わるべきかという内容の豊かさもまた変わってくるかもしれない。しかし、いずれにせよ、こうしたポジティブな経験の能力を動物がもつということ自体が、動物への配慮の必要性を説得的にするための重要な側面であると言える。

動物のもつこうした能力については、ここではいくつかの要素を挙げるにとどめる。というのも、次の章で述べるように、豊かな内面という側面は、その存在を単純に指摘することだけでその内実が十分に理解されるとは限らないからである。そのため第4章で、こうした能力に関する事実をどのように提示することが動物倫理にとって必要であるかを検討し、その重要性について論じる。ここで強調しておきたいことは、前節で述べたように、動物にこのような内面的に豊かな能力があるということを私たちは考慮に入れる必要があるということである。

本章では、これまでになされてきた動物倫理の議論において動物のもつ倫理的な重みを示すために注目されてきた、苦痛という側面に加え、少なくとも一部の動物ならばもつと考えられる豊かな内面的な能力という側面に注目してきた。そしてそれらの側面によって、動物への積極的な関与もまた、なされるべきものとして主張される可能性が生まれるということも確認した。ここまでで述べてきた要素は、痛みというネガティブな要素も含め、どれもが、動物のもつ倫理的な重みを増すものであり、私たちがかれらを配慮の対象とすべき理由を強めると言える。したがって、これらの要素のなかで、どの要素がもっとも重要なものであるのか、あるいは基本的なものであるのかといった論点は、ここではそれほど重要ではない。もちろん、利害の衝突といった場面においては、どの要素がもっとも重視されるべきかが問題になってくるかもしれない。しかし、動物への配慮を当然のものにするという目的からすると、もっとも重要な要素をひとつに決めるということよりも、動物がどれほど重みをもつ存在であるかを私たちが理解するための手がかりを、可能な限り指摘することのほうが必要であるように思われる。

このようにしてさまざまな要素を取り出すことにたいしては、もしかしたらある懸念がありうるのかもしれない。

つまり、豊かな内面という点に注目すると、そうした特徴をもたない動物が倫理的配慮の対象から外れてしまうのではないかという懸念である。そうした懸念があって、痛みというもっとも広く共有されている要素にのみ訴えるべきだと考える人もいるかもしれない。もちろん、そうした懸念は重要なものである。倫理的配慮は人間だけに限られるものだと主張したい人々が、たとえば自律の能力や倫理的行為をする能力といった、人間以外の多くの動物はもたない（そして同時に、すべての人間がもつわけでもないはずの）特徴に訴えてきたということを考えれば、一定の能力を必要とする要素に目を向けるということにたいして注意深くなる必要があるだろう。

だが、問題は、そうした主張が、自律といった能力のみを道徳的な重要性をもつものとしている点である。すでに述べたように、痛みを感じる存在は、それだけでも倫理的な重みをもつのであり、そうした存在に苦痛を課すべきではない。その点は、たとえその動物が他の要素をもっていなかったとしても変わることはない。そして、多様な動物のなかには、痛みを感じるだけではなく、何かを楽しんだり何かへの愛着を感じたりといったその内面的な豊かさをもつ存在もいるのであり、そういった存在は、それに応じた倫理的配慮を受ける必要がある。

先の懸念は、真剣に受けとるべき懸念であるが、そのために、動物にたいする私たちの理解を変えるような特徴に目を向けず、苦痛という単一の観点からすべての動物を見渡そうとする必要はない。重要なのは、ある要素が私たちの倫理的配慮において重要性をもつという主張に関して、その要素をもつ存在にはその要素に応じた関わり方が必要であるという主張と、その要素がなければ倫理的配慮の対象にそもそもならないという主張とを明確に区別することだろう。

本章で挙げたさまざまな側面を念頭に置くことは、動物とどのように関わることが本当に必要であるのかについて、多様な可能性を私たちが認める契機となり、また、動物に倫理的な配慮をすべきであるという主張に、私たちが実際に動かされるための契機となりうる。本章の議論は、動物がかれら自身でもつような倫理的な重みを明らかにしようとするものであり、その点で、倫理的配慮の対象の側に注目した議論であると言える。

注

1　Nozick 1974, pp. 35-38〔邦訳書五六―六〇頁〕。また、嶋津 2009も参照。
2　動物利用を擁護する論者であるP・カーラザース（Carruthers 1992, esp. p. 2）やC・コーエン（Cohen and Regan 2001, esp. p. 46）も、理由なく動物に苦痛を与えてはならないとして、動物が何らかの倫理的な重みをもつことは認めている。
3　動物にたいする義務があるとすればせいぜい間接的な義務だとするこうした見解は、イマヌエル・カントに帰される（『カントの倫理学講義』、特に三〇六―三〇八頁）。また、契約説を擁護するカーラザースも、動物にたいする人間の間接的な義務について、人間にたいする態度が好ましくないものになるという波及的な影響に基づいて説明する（Carruthers 1992, pp. 153-154）。こうした立場にたいする批判として、DeGrazia 2002, pp. 16-18, 25-26〔邦訳書二四―二六頁、三七―三八頁〕も参照。ノージックやドゥグラツィアは、そのような波及的な影響があるかは経験的事実として疑わしいということも指摘している。
4　DeGrazia 2002, pp. 55-57〔邦訳書八二―八四頁〕。
5　DeGrazia 2002, pp. 41-45〔邦訳書六二―六六頁〕。
6　Singer 2009, pp. 9-17〔邦訳書三〇―三九頁〕。
7　そのような指摘についてはGruen 2011, pp. 114-115〔邦訳書一二三―一二七頁〕で取りあげられている。
8　こうした疑いにたいして、そうした懐疑論は哲学においては適切な位置づけをもつが、思考節約の原理という実験科学を導く原理をひどく侵害しているという指摘がなされている（Cushman 2006, p. 107）。
9　Singer 2009, p. 134〔邦訳書一七二頁〕。
10　佐藤 2005、一八―二五頁、枝廣 2018、二一―二六頁。
11　Harrison 1964.
12　Brambell 1965. 伊勢田 2015、八―九頁、枝廣 2018、三九頁も参照。
13　環境省 2015。

14　環境省 2023。

15　太田 2013、九五頁。二〇一〇年の調査による。

16　「精神的な苦痛を取り除いてあげることはできません。だからせめて、肉体的な苦痛だけでも無くしてあげたかったのです。こういうやり方もあるのだと、少しでも多くの自治体に知ってほしい。本当は、殺処分がゼロになるのが一番いいんですけどね……」という職員の言葉が挙げられている（太田 2013、九八頁）。

17　DeGrazia 2002, pp. 61-62〔邦訳書九〇―九二頁〕、Regan 2004, pp. 96-103.

18　DeGrazia 2002, p. 61〔邦訳書九〇頁〕。強調は原文。

19　DeGrazia 2002, p. 61〔邦訳書九〇頁〕。強調は原文。

20　DeGrazia 2002, pp. 60-61〔邦訳書八八―九〇頁〕。

21　たとえばJ・ウェブスターは「ヒト以外の動物種の大部分にとって、死の概念は、福祉の問題でないと結論して構わない。〔……〕痛みや恐れや他の形の苦しみ（distress）をもたらさずに殺すことが可能であれば、動物を殺すことは残酷ではない」と述べる（Webster 1994, p. 15.〔　〕は引用者）。アニマルウェルフェア論のもつ問題については久保田 2024 で検討している。

22　ただし、動物が死の概念をもたないという前提にたいして、そもそも、動物が死の概念をもつか否かを評価する基準をよく吟味する必要がある（さらに、そうした前提が明らかではない）という指摘もある。Monsó 2022 を参照。

23　死による剝奪や無垢な存在に降りかかる消滅という側面を読み取ることのできる作品として『ハルの日』を挙げることができる（映像作品として、渡辺ほか 2011、絵本として、渡辺ほか 2018）。

24　ブランベル報告書において萌芽的な形で挙げられている「五つの自由」は、「向きを変える、毛繕いをする、立ち上がる、横になる、肢を伸ばす」自由である（Brambell 1965, p. 13）。

25　Balcombe 2006.

26　動物が愛のような複雑なものをもつことはできないと考える人もいるかもしれない。それは、愛をどのように定義するかによると考えられるが、バルコムの言う愛とは、個体同士が結ぶ特別な絆であり、そこに見いだされる思いやりや献身につながるような感情のことである。たとえば人間に向けた愛であるなら、ある特定の人間を、他の人間とは区別したうえで、その人間に特別な愛着を示し、その人間にたいしてだけは信頼の行動を見せるということはあるだろう。さらに自分自身の利益にはならないが、その人間の利益にはなるようなふるまいをするということは、日常的に観察されることである。こうしたふるまいを、単に一時的な快を感じている状態であるといった仕方で、感覚的な側面だけに基づいて記述するのは、無理があるだろう。人間が動物を愛情の対象とすることができ、さらには動物もまた愛情を人間に向けることができるという議論については、Milligan 2014を参照。

27　Balcombe 2006, pp. 166-167〔邦訳書二四七―二四八頁〕。

28　Balcombe 2006, pp. 136-137〔邦訳書二〇一―二〇二頁〕、Burgdorf and Panksepp 2001.

29　Balcombe 2006, p. 46〔邦訳書六九頁〕。

30　Balcombe 2006, p. 89〔邦訳書一三〇頁〕。

31　Balcombe 2006, p. 218〔邦訳書三一九頁〕。

32　Takaoka et al. 2015.

第4章　動物をめぐる理解とその受容

第3章では、動物のもつ倫理的な重みを十全な仕方で理解するために焦点を合わせるべき要素として、喜びや期待や愛着といった、動物のもつ内面的な豊かさというポジティブな能力の側面が重要だと指摘した。ここでは、動物のもつそうした側面について、具体的な状況における動物たちを描き出すことでその事例を提供してくれる、さまざまな著作に注目する。第3章でも述べたように、特に内面的な豊かさという側面を実際に動物がもつということ、さらには、それが意味することを説得的に示すためには、豊かな内面という側面が存在するという事実を単純に述べるだけでは不十分だと考えるからである。

本章では、動物の生そのものや、動物と関わる人々の動物理解を描く著作がもつ重要性に注目する。こうした著作は、動物についての豊かな理解について述べているだけでなく、そうした理解を人々が受けいれる際の思考や感情の実際の動きを描いているものとみなすことができる。また、本章で参照する著作に描かれる、動物をめぐる活動をする人々や、動物をめぐる問題に苦しむ人々のあり方は、第2章で参照したニーズ論や徳倫理の議論が重視する、動物にたいする人間の向きあい方という側面をも含みこむものである。本章で重要性を検討するさまざまな著作は、動物自身がもつ内面的な豊かさと、そうした動物と向かい合う人々の姿勢という二つの側面に関して、哲学的な議論とは違った仕方で描くことで、私たちの動物理解を向けかえるためのひとつの役割を果たしうるものである。

第1節　動物をめぐって活動する人々の理解

ここでは、第3章で示したような動物理解を実際にもっており、動物にたいして倫理的に向きあおうとする人々による動物描写に注目する。特にペット動物という、私たちがもっとも身近に接する存在であり、倫理的に接することを妨げるような要因の少ない存在をめぐって活動する人々に焦点を合わせることで、そうした人々が動物のもつどのような特徴を重視し、動物にどのような姿勢で臨んでいるのかを確認する。

先に触れたように、ペット動物をめぐって、現実にさまざまな問題が生じている。第3章でも簡単に述べたが、たとえば、ペットショップでは人気のある品種の犬や猫が高値で売られている一方で、たとえば、二〇一四年度を例にとると、行政による殺処分だけでも、犬が年間二万頭、猫が八万頭という数にのぼる。これは一日数百頭の犬や猫が日本で殺処分されていたということである。すでに述べたように、殺処分数は減少し、二〇二二年度には一万二千頭未満となっているが、毎日どこかで数十頭の犬や猫が殺され続けており、その状況の背景には、仕方がないと言えるようなものではない、さまざまな要因がある。まず、動物取扱業者のなかには動物を商品として大量に売り、利益を出すことだけを目的とするような業者がある。そうした業者は、第一に、人気のある品種を、母体に多大な負担をかけながら大量生産し、売れ残りの個体や売り物にならない個体を処分する。そして第二に、動物を購入しようとする人にたいし、動物を飼育することに伴う責任や困難を十分に説明することなく販売することで、安易な購入を後押しし、結局購入したペット動物が手に負えなくなってしまった飼い主の無責任な遺棄や行政への持ち込みにつながっているという状況もある。[1] 次に、特に猫に関して顕著なことは、そのようにして遺棄された猫あるいは不妊去勢の処置を施されずに外飼いをされている猫の産んだ子猫が、動物愛護センター等に持ち込まれるという状況である。この数は、二〇一四年度における猫の殺処分数の六割近くを占めており、猫の殺処分数が多い要因のひとつになっている。[2]

こうした事態にたいして、それは動物を飼う人や扱う人の問題であって、ペットを飼ったことのない者には関係がないと考える人もいるかもしれない。しかし、そのような人でも、明日にでも、そうした子猫に出くわすかもしれない。そうした子猫に出会ったとき、自分には関わりのないこととして見過ごすこと、あるいは殺処分がされると分かっていながら保健所に持ち込むことは、どれほど正当化できることなのだろうか。自分が助けようと決めれば助けることができ、助けなければ死んでしまう存在を死なせるということに道徳的な問題はないということになるのだろうか。また、もしそうした猫と偶然に出会うということがなかったとしても、人間の助けさえあれば生きられる犬や猫が人間の手によって殺されているという事態は現に生じている。ペット動物の遺棄と殺処分の問題は、私たちが作るこの社会で起こっている問題であり、私たちのすべてが直面している問題である。さらに、特に猫に関しては、飼い主のいない猫に餌をやる人と、猫（あるいはフンの臭いや爪とぎなどで猫から被る害）を嫌う人との間のトラブルも問題になっている。このとき、多くの場合、餌をやる人が、餌をやらねば猫がかわいそうだと考えながら、フンや餌の後始末、そしてそれ以上猫が繁殖しないようにする方策といったことまでは考えておらず、他方で、猫を嫌う人は、単に餌をやらないことやそこにいる猫たちを殺処分してしまうことが解決であると思い込んでいるということが対立を生じさせている。[3]こうした事態について、打越は、犬や猫の適正飼養のあり方に関して何が正しいと言えるのか社会的な合意が十分にできておらず、自治体における対応もマニュアル化できないという状況を、その要因のひとつとして挙げている。[4]こうしたトラブルを解決する、あるいは未然に防ぐためにも、何がペット動物を助けることであり、ペット動物に倫理的に向きあう人々のもつ動物理解がどのようなもので、それを私たちはどう受けとるべきなのかを考える必要があるだろう。

1　動物保護の活動

第3章でも触れたように、数多くの犬や猫が殺処分されているという現状を変えなければならないと考え、さまざまな方法で活動する人々もいる。こうした人々は、実際に、まさに第3章で述べたような特徴を動物に見いだしているように思われる。

動物愛護団体ミグノンの代表である友森玲子の活動を紹介する『100グラムのいのち』には、東京都動物愛護相談センターに引き取られた犬や猫――飼い主が見つからなければその多くが殺処分されてしまう[5]――を預かって里親を探す活動や、東日本大震災の際の現地での動物保護活動について書かれている[6]。この本で数多く紹介されているのは、ミグノンの活動を通して里親に引き取られていった犬や猫が、ただ命を救われるのではなく、里親のもとで幸福に暮らすことができるようになった様子である。ある猫は、保護された当時は人間を威嚇し、触れることもできないような状態であったにもかかわらず、人からの愛情を受けるという経験をしてほしいと考えた里親に引き取られ、短期間のうちにおもちゃで遊び、甘えるようにまでなったという[7]。動物をペットショップで買うということが当たり前であるような社会のなかで、保護された数多くの犬や猫に里親を探すことはそれほど容易ではない。そのような状況のなかでも、多くの動物愛護団体は、それによって引き取りを諦める里親候補がいるとしても、里親になるための条件を厳しく設定している[8]。これは、犬や猫が幸福になりうる存在であると知ったうえで、そうした幸福な生を送れるようにするということを目指しているからだと言える。

動物に関するこうした理解をもって動物を助けようとする人々にたいし、所詮それは、対象がペット動物であるからそのような存在だと理解して助けたいと考える、偏った思い入れに過ぎないのではないかと言いたくなる人もいるかもしれない。さらに、ペット動物にたいする思い入れは、他の動物にたいする関心のなさを助長するおそれがあるとさえ指摘したくなる人もいるかもしれない。だが、むしろその指摘とは逆に、ペット動物にたいする思い入れをもつからこそ、他の動物にたいしてもそうした関心をもちうるのだということが、ある面では正しいと言えるのではないだろうか。すなわち、ペット動物にたいする態度は、他の動物をそのような存在として理解する端緒となりうると思われる。どういうことかと言うと、第1章4節でも指摘したように、私たちの多くは、動物に関して、倫理的な配慮の必要性を受けいれ、どのような関わり方が適切であるのかを判断するのに十分と言えるほどの経験をもっていない。さらに、たとえば家畜動物のような多くの動物に関しては、多くの人は、その死を問題にするような理解があらかじめ阻まれてしまうような見方を身につけている。つまり、私たちの多くは、家畜動物にたいしては、人間に食べられるのが当然の存在だという見方をしている。そして、かれらの感じる痛みにせよ、喜びにせよ、その死を倫理的な問題だと理解することにつながる特徴が見える形で、かれら自身やかれらの死に接する機会はほとんどない。言ってしまえば、食卓にあがる動物は、動物としてではなく、食べ物としてしか理解されていない。感覚をもち喜びなどの豊かな内面をもつ存在であるといった、ある存在をまさに「動物」として理解する際に伴われるべき重要な内容は、ほとんど伴わないのである。動物をめぐるそうした状況における例外が、ペット動物である。動物と身近に接する人の多くは、さまざまな状況における動物のさまざまなふるまいを日常的に観察している。そして、家畜動物については、最終的には食べるために殺されるのだという、飼育の目的のもとで理解されがちであるのにたいし、ペット動物は、動物についての素直な理解を制約する外的な影響を受けずに、その動物のさまざまなふるまいにたいして心を開いて理解しようという向きあい方がとられやすい。そのため、ペット動物にたいしては、その倫理的な重みに思い至ることができると考える。

そして、このようにしてペット動物にたいしてもった理解は、けっしてペット動物にしか適用されないというものではない。その端緒としてはペット動物との関わりによって得られたかもしれない理解であっても、他の動物を見る際にもそれが働く余地は十分にある。実際、東日本大震災の際に、動物を保護するために現地に赴いたミグノンのスタッフは、現地で牛が溝にはまって動けなくなっているのを見つけたとき、次のように考えたという[9]。

牛は家畜です。玲子さんは家畜の保護はできないと決めていたはず。いくらかわいくても、かわいそうでも、ペットとはちがうのです。それでも、玲子さんは動く気にはなれませんでした。牛を見ているうちに、とてもりこうで、感情豊かな動物だということがわかりました。

〔……〕

信也さんも、今まで、動物にはあまり縁がなかったものの、目の前にいる牛が家畜だとかいう前に、まさに「生きたいのち」でした。

つまり、うまく助けられたとしても、最終的には殺処分ということになってしまうかもしれない家畜動物であっても、その内的なあり方に気づかされてしまった後には、対象がペット動物であるときと同じように、たとえ保護に危険が伴ったとしても、保護しないではいられなくなってしまったのである。豊かな内面をもつ存在という、ペット動物を通して得られた基本的な動物理解は、相手をただ、動物として理解しさえすれば、ペット動物以外の動物にも通底するものであると言える。

絵本作家のどいかやは、猫たちとの暮らしを綴ったエッセイのなかで、次のように述べる。「幸せの毛玉、ときどき猫をそうよびます。幸せの毛玉が家には八つあるんだわ。人間が作る、どんなきれいなものもかなわない、強くたくましく、美しい猫たち……」[10]。ここには、まさに、動物と共に暮らす人がもつ動物理解が印象的に表現されている。動物にたいして心を開き、動物のふるまいを見つめる人には、動物の溢れるような喜びを見逃すほうがよほど難しい。ここで表現されているのは、猫のもつ単なる美的な価値のことではない。どんなに贔屓目に見ても醜いと言いたくなるような猫にたいしてでも、共に暮らし、その内面にある喜びを知っていくなかで、かれらが人間が作ったどのようなものもかなわないような幸せな存在であると気づかされる。ペット動物との関わりを通して得られるこのような理解は、動物にたいして本当に倫理的に向きあおうとするならば、注目に値するように思われる。

2　何を強調するか

もちろん、動物を助けようとする人々のもつ理解が常に正しいわけではないし、その人たちによる表現が常に状況を適切にとらえているとは限らない。特に、動物と接することを通して得た理解をどのように伝えるかという方法に関しては、それを表現する人によって、アプローチの仕方が大きく異なる場合がある。

動物を助けるための活動としては、ペット動物の保護活動に携わるなど、動物を直接助ける活動だけでなく、動物を助けることにつながる情報を広く伝えるということも、重要な活動である。たとえば、殺処分されるペット動物を減らすためには、不幸な状況にあるペット動物の保護を進めるだけでなく、そういった状況に動物が陥ることを食いとめるために、多くの人が次のような情報を得ることができる必要がある。まず、動物を飼おうと考えたとき、ペットショップで買うということがはじめに思い浮かぶ人も今なお多いかもしれないが、動物保護団体の主催する譲渡会に参加し、保護猫や保護犬の里親になるという方法がある。そして、多くの保護団体では、その後の無責任な遺棄を防ぐために、動物を飼育することに伴う責任をあらかじめ里親候補に細かく伝えるという情報提供を行っている。そして何より、そうした団体からの譲渡がより望ましいということを知るためには、多くのペット動物が殺処分されているという現状が知られている必要もある。

ペット動物の殺処分に関する現状について、それが問題であると知らせるには主に二つの方法がある。もっとも思いつきやすく、そして実際にとられやすい方法は、殺処分を待つ犬や猫の写真や、殺処分された犬や猫の写真、そして殺処分の様子の映像などを用いるという方法である。こうした写真や映像はショッキングであり、見る人に大きなインパクトを与える。そのため、動物の殺処分が恐ろしいことであるという強い印象を与えることができ、おそらくその影響力は大きいだろう。

しかし一方で、こうした方法は、動物を助けるための方法として選ばれたものであるはずが、動物の倫理的な重みを伝えるという目的に、実はそぐわない面をもっているように思われる。第一に、そうした写真や映像に写っている犬や猫は、それが人に見られるときにはすでに死んでしまっている、助けることができなかった存在である。そうした姿を使って人を説得しようとすることは、その個体の死や苦しみを利用することであり、さらには、それを見る人、つまり動物の倫理的な重みを知ってもらうべき人に、動物を手段化する見方を課すことであるように思われる。そして第二に、そうした写真や映像は、目をそむけたくなるものである。動物をもっとよく見てもらうことが、動物の重みを知ってもらうことにとって重要であるはずが、動物をめぐる状況への忌避感を与えているのではないだろうか。

動物が殺されているという現状が悲劇的なことであるということを伝える、今述べたものとは別の方法もある。それは、殺処分されていく動物たちが、本来ならばどれほど幸福でありえ、そして無垢な存在であるかを伝えることである。そうした方法をとっているアニメーション作品に、『ハルの日』がある。[11]子犬の頃にはかわいがられていたハルは、大きくなると誰にもかまわれなくなり、最後には殺処分が待つセンターへと連れていかれてしまう。しかし、ハルの目線で描かれたこの作品では、ハルの苦しみは中心的には描かれない。描かれているのは、子犬の頃のハルが幸せでいっぱいで、センターへと連れていかれるハルが、無邪気にはしゃぎ、そしてさいごまで人が好きであり続ける様子である。

この作品は、動物が殺されているということについて、単に忌避感をあおるのではなく、動物が幸福な存在であるという理解を共有したうえで、その幸せが裏切られ、壊される事態として描いている。こうした方法が、ショッキングな写真や映像を用いるものと異なるのは、動物の喜びや幸福によって動物のもつ倫理的な重みを明らかにしようとしている点である。そしてそのことによって、この作品を見た人は、動物から目をそむけたいと思うのではなく、自分の近くにいる動物をいとおしく思い、動物の幸せなあり方を、守られるべき貴重なものだと感じるだろう。この点で、こうしたアプローチは、動物を保護するための方法が、それぞれの個体にたいする尊重を欠いてしまうような、もともとの目的に反する要素を含むことのない方法であり、おそらく長期的に見ても、本当の意味で動物のもつ重みを適切に伝えることにとって不可欠な方法であると言える。

3　活動家の動物理解のもつ意義

ここまで動物を助けるために活動する人々がもつ動物理解をいくつか見てきたが、それらをどう受けとるべきなのだろうか。

第3章で指摘したように、動物のもつ喜びといったポジティブな側面に注目することには、動物にたいする私たちの理解を変え、場合によっては、動物へのより適切な配慮のあり方の可能性を開くという役割がある。しかし、そうした変化が個々人の内部で実際に生じるためには、動物がそうした側面をもつということを当人が認め、受けいれることが必要だろう。そのためのひとつの方法は、前章でも取りあげたような、行動学や心理学の知見を活かした科学的な証拠を用いて説得を試みるというものである。こうしたアプローチは、証拠がなければ信じないという疑い深い人々が納得するためにも必要であるし、また、私たちの動物理解にはしばしば思い込みによる誤りの可能性があるため、それが間違っているとは言えないということを確かめるためにも重要な役割をもつ。他方で、バルコムも述べているように、動物も人間も含めた他者の内面的なあり方について、完全に正しいと言える証拠を挙げることは困難である。

とはいえ、人間にたいする配慮の場合を考えてみると、他者のもつ内面的な豊かさを認め、他者への倫理的配慮の必要性に気づくとき、私たちが参照しているのは科学的な知見だけではないはずである。むしろ、他者の内面の存在に関する科学的な証拠は、上で述べたように、自分たちがもっている理解が間違っているという証拠がないかを確認する際に参照される場合が多いように思われる。そして、そのもともともっている理解は、多様な人との数多くの交流の経験を通して得られているものだろう。つまり、私たちは、さまざまなやり取りのなかで相手が見せる反応を日々目にして、状況の違いによる反応の微妙な違いや、いつも見せる反応、自分と類似した反応などに接することを通して、相手の内面のうちにある複雑さと豊かさに気づかされる。そうした経験があることで、他者の内面について、ないかもしれないと考えながら接するのではなく、当然あるものとして接し、その内面をも気づかうようなふるまいを倫理的なものとするようになると言えるだろう。しかしながら、これまでも指摘してきたように、動物との間に、そうした細かな反応を識別することのできるような日常的で密接な関係を築いている人は多くない。そうした人にとっては、いくら動物が豊かな内面をもつと言われても、そのことによって自分のふるまいを変えるほどの仕方で、動物についての理解を変えることは難しいかもしれない。

動物の内面的なあり方を受けいれるということに関する困難は、もちろん苦痛という側面についても生じうるが、喜びをはじめとする豊かな内面という側面において、より大きくなると考えられる。というのも、ある存在が苦痛を感じているということについては、おそらくその瞬間の反応を見ただけで、私たちはその可能性に思い至ることができる。他方で、喜んでいることや何かを楽しんでいること、満たされていることなどは、その存在の普段の様子をよく知らなければ、判別することはもちろん、そうした内面が存在しているという可能性に気づくことすらできないかもしれない。たとえば、猫と暮す人であれば、猫が近寄ってくるときの足の運び方だけからでも、その猫がただ移動しているのか、何かに好奇心をもっているのか、喜びと期待に溢れているのかという、猫の内面の存在とその違いを読み取ることができる。それは、さまざまな場面でのその猫のふるまいを普段から注意深く観察することで、そのときの状況がどのようであるか、そのときの動きと他のときの動きの違い、その後のふるまいといったさまざまな要素をもとに、その状況で考えうる整合的なものとして判断を導くことができるからである。まったく同じ様子を見ても、猫と暮したことのない人には、一見すると無表情に見える猫の顔や歩き方から、喜びや期待といった何らかの内面的なものを見いだすことすら困難かもしれない。

本節で取りあげた人々のもつ動物理解は、ペット動物に特化したものではあるものの、すでに実際に動物たちと長い時間をかけて接してきた人々がもつものであり、その点で、耳を傾けるべきであるように思われる。活動の目的の設定や、その達成に至る戦略に関する問題点、あるいは何を強調するかについての齟齬はあるとしても、それでも、動物がどのような存在であるのかについては、多くの活動家のなかで共有されていると言える。実際に動物と接するなかでかれらのもつ重みを実感し、かれらにたいして倫理的に接しようとする人々が共通してもつ理解にたいして、それを思い込みであると断じたり、手厚くし過ぎだと批判したりすることは、安易にできることではないはずである。もし、自分の周りに、意思の伝達が難しいような障碍のある人がいた経験がなく、それゆえ、そうした人にたいして何をするべきかが分からなかったとしたら、私たちは、そうした障碍のある人と日常的に接することで、微妙な表情の違いなどを見分けてその状態を理解している人に意見を仰ぎ、その判断に重きをおくだろう。あるいは、赤ん坊が泣いているときには、その理由を判断できる人として、赤ん坊を注意深く見守り、世話をした経験のある人に私たちは助けを求めるだろう。

　経験を通して気づくことができるようになる物事があるというのは、ごく一般的なことであり、その経験がない場合にはその経験がある人の見解に耳を傾けるというのは、理にかなったことである。[12] それが動物をめぐる理解に関しても生じるということを、そうした理解の妥当性と両立するような科学的な証拠が存在するにもかかわらず、否定する十分な理由があるだろうか。もちろん、動物をめぐる状況にたいして、どのような方法で解決を目指すべきか、そしてどういった状態が解決であるのかといった、統合的な状況理解が必要になるような課題については、勘違いや思い込みや推論の間違いなどの可能性があるため、動物と実際に接している人の主張を鵜呑みにすることはできないかもしれない。あるいは、個々の状況においてなされる、動物が喜んでいるのか、苦しんでいるのか、それがどれほどの程度のものなのかといった判断にも間違いはあるかもしれない。そうだとしても、ある対象に倫理的配慮自体をなすべきかどうかをめぐって重要なのは、個々の状況において常に正しい判断を下すことができるかどうかではなく、その動物がそもそも喜んだり苦しんだりしうるということ、つまり動物がもつ内面の存在そのものという基本的な事柄である。もちろん、動物と日々接している人であっても、動物のもつ何かについて、それが実際にどのような状態なのかについては、意見が分かれることがあり、間違うこともある。しかし、そこで意見が分かれたり間違ったりしているのは、その何か自体が存在しているかどうかについてではない。ここで重要なのは、その何か自体が存在しているという理解であり、そうした知識は、動物と接するということがそれを得ることにとって本質的であるような知識である。その点で、動物と直接にふれあい、動物にたいして心を開いて理解しようとしている人々のもつ経験は、信頼できるものであるはずである[13]。

もちろん、そうした人々がもつ理解のなかには、ペット動物に特有の特徴も含まれているだろう。たとえば人間を好み、人間の愛情にこたえてくれるような存在だという理解は、ペット動物にたいしてのみ適切な理解だと言える。したがって、そういった特徴を動物一般の特徴だと考え、いわゆる「猫かわいがり」のような仕方での動物との向きあい方を、動物に接する際の模範としようとするのは行き過ぎだろう。しかしここで念頭においているのは、すでに述べたように、そうした理解そのものを成り立たせているような、動物についての基本的な理解である。喜んだり何かを期待したり好奇心をもったりするといった豊かな内面的あり方そのものは、ペット動物に特有なことではない。本節で、主にペット動物を対象として動物保護の活動をしている人々がもつ理解に注目しているのは、そういった動物の内面についての理解が、ペット動物との間に築かれるちかしい関係においてとりわけ、具体的な実感を伴って得られやすいものだからである。動物をめぐって活動している人々が提示する動物理解は、長い時間をかけて実際に動物と接している人が動物の内面の可能性を示しているということによってもつ重要性があるはずである。

本節で注目した、活動家のもつ動物理解は、読者に実際の具体的な動物との関わりによって生じる理解の可能性を示すという意味で、考慮に入れるべき動物の重みを直接的に示すものである。次節では、一見すると動物倫理にとってそれほど重要性をもつとは思われないかもしれない、文学という営みに目を向けたい。文学作品を読むことによる影響は、より間接的なものであると考えられるが、ある理解の受容という観点から考えると、文学もまた、前節で指摘した、経験者の知見がもつ説得力とは違った仕方で私たちに働きかけうるものとして重要だと考えられる。

第2節　動物倫理と文学

二〇〇三年にノーベル文学賞を受賞した小説家J・M・クッツェーの『動物のいのち（*The Lives of Animals*）』は、哲学に関する英米圏でもっとも有名な講演のひとつであるタナー記念講演で発表されたこともあり、哲学者の間でも大きな反響を呼んだ作品である。[14] ここでは、この作品が動物倫理にとってどのような意味をもちうるか検討することで、文学が動物倫理にとってもちうる独自の役割を明確化する。まず、文学と哲学の関係についての枠組みとして、英文学・演劇の哲学の研究者であり動物倫理についての著作もあるT・ザミールの議論を参照し、次に、T・コーエンの示唆をもとに、文学作品が実際に私たちの倫理的思考に影響をもたらす際に生じると考えられる問題点を検討する。そのうえで、動物にたいする私たちの見方について示唆を与えうる具体的な作品として『動物のいのち』を紹介し、この作品にたいしてなされたいくつかの評価を整理する。以上をふまえ、最後に、動物倫理において文学作品が果たしうるいくつかの役割の明確化を試みる。

1　文学のもつ影響力

文学作品は、どのようにして独自の仕方で哲学と関わりうるのだろうか。文学作品が文学作品であることによって、いわゆる「議論」を通じてなされる探究では果たされない、あるいは果たすことが難しい役割を果たすと言いうる面があるのだろうか。ここではまず、動物に関する文学作品に限定せず、文学作品全般がもつとされる影響力について、いくつかの議論を確認しておきたい。文学作品はさまざまな仕方で読者に影響を与えると考えられる。なかでも私たちの倫理的な動機や態度や行為に関わる仕方で何らかの影響を与えうるという点で、文学作品のもつ影響力は注目に値するだろう。そのような影響が何によってもたらされるのかについての説明は、以下の二つに大別されるように思われる。

ひとつめは、文学作品が読者のもつ理解に与える影響に注目した説明である。文学作品は、日常の生活では得られないような知識や経験を読者に提供することによって、世界のなかの事物や出来事にたいする読者の見方に影響を与えうる。ザミールは、このような影響の与え方を、あまり知られていない事実を明るみに出すという方法と、すでに知られている事実を新たな仕方で提示することでその事実にたいする読者の関わり方を修正するという方法の二つに分ける。[15] このような影響力が倫理的配慮に関係する私たちの見方の変化をもたらす場面として、前者については、たとえば障碍のある人を描いた作品を読むことで、その生に特有の仕方で生じる困難や苦悩や喜びについて知り、それまで気づかなかった関わり方の必要性に気づいたり、障碍のある人を身近に感じるようになったりするという影響が考えられる。また後者としては、日常的な生のなかで埋没してしまうような出来事を、たとえば道徳的な葛藤を生じさせる場面としてクローズアップし鮮やかに描くことで、それが倫理的な問題であることに気づかせるという影響が挙げられるだろう。

ふたつめは、文学的な表現という方法がもつ特徴に注目した説明である。たとえば小説では、比喩表現や形容詞などの修飾語を対象に帰属させたり、似ているものや対照的なものを並置したりする。このような表現は、議論をするのとは異なる仕方で読者の感情や道徳性に訴え、その対象にたいする読者の理解や感情に変化を与えうる。また、多くの文学作品は、人一般を描くのではなく、個別的な存在としてのキャラクターを描く。特定の個別的な存在の置かれている状況や、生き方、感情や思考などが鮮やかに描写されることにより、読者はそのキャラクターに感情移入し、そのキャラクターの運命に心を動かされるようになると考えられる。

以上は、文学作品が提示する内容や、その内容を描く方法によって私たちが受けうる影響であると言える。しかし、ザミールによれば、これらの影響力について、単に文学作品が読者に新しい観点を与えることや、文学的な表現方法を使うことといった要素をもつということによってのみ説明しようとするのは一面的である。つまり、そういった要素は、必ずしも文学的な語りに独自のものではなく、哲学的な語りによっても実現されうるものであるとザミールは考える[16]。それらの要素をもつということだけで文学の役割を説明しようとしても、文学が文学であることによってもつ力を説明することにはならず、文学作品の果たす役割は、単に哲学的な議論が必要とするような補助的な働きを提供するということになってしまい、それが文学作品によって果たされる必要はなくなるのである。ザミールによれば、文学作品の独自の役割は、論証的な支持が与えられないような信念を受容することを可能にする心の状態を読者にもたらすことにより、固有の仕方で哲学と関わるという点にある[17]。ザミールの見解をさらに詳しく見ていくことにする。

文学に独自の働きとしてまずザミールが注目するのは、文学作品を読むという経験のもつ独特な質的特徴[18]が、私たちの信念形成に影響を与えるという点である。この点についてザミールは、M・C・ヌスバウムらの議論を参照しながら論じる[19]。私たちは、哲学的な議論を前にしたとき、理由を求め、それぞれの主張を吟味したり疑ったりする。

他方、ヌスバウムによれば、私たちが文学作品を読むときには、哲学的な議論を読む場合と異なり、疑いを差し控え、物語やキャラクターによって自分の心が動かされるのを許し、信じることを許す状態に身を置く。[20] つまり、文学作品を読むという経験は、私たちにたいし、心を開いた友好的な仕方で信念を形成することを促すのである。この点については、ザミールが挙げる論者ではないが、W・E・ジョーンズも、読者が物語のキャラクターにたいしていだく態度に注目して、次のように述べる。読者がキャラクターにたいしていだく肯定的な態度が、慎重な反省に耐えて是認されうるものであるときには、読者にはそのキャラクターのもつ態度を真剣に受けとる理由があることになる。そのため、ある問題に悩み苦しむキャラクターにたいして、読者が、その苦しみを理解しその問題にたいするそのキャラクターの向きあい方を評価したうえで敬意をもつとき、読者にもまたその問題を重く受けとめる理由があることになるという。[21] このように文学作品は、作品によって提示された考えの受容を、作品を読むという経験を通して促し、読者の信念形成に影響を与える。

もちろん、文学作品を通じてそのように得られた信念は、それが正当化されたものだと信じられない限り、他の場面で再度適用されるような知識にはなりえないだろう。では、信念評価に関して文学作品はどのような働きをもつのだろうか。ザミールは次のように主張する。確かに、文学作品のようにあるひとつの例から別の事柄について推論(inference)することは演繹的に妥当であるとは言えない。だが、そのことによってその推論の合理性がただちに否定されるわけではない。実際のところ、哲学的な議論(reasoning)に関わる信念の多くも、他の前提から必然的に導かれるわけではないという意味で偶然的である。哲学的な議論における恣意的でない第一の真理(first truth)——たとえばデカルトの「われ思う」のような——の形成についてさえこのことは当てはまる。そうした演繹的に妥当ではない信念を受容できないとするような立場は、ザミールによれば、哲学のあり方を非常に限定し制限してしまう。そのため、そうした信念にも合理性を認めるべきであるし、それらのような信念をもっともなものにする営みをある種の正当な議論として受けいれるべきである。文学作品は、その意味での議論を読者に提示することが可能である。このようにして、文学作品を読むという経験を通して形成された信念は、ある種の正当化がなされたものとみなされ、人が受けいれねばならないものの候補になる。[22]

以上のようにザミールは、文学作品を、演繹的に妥当ではなくとも正当であるような議論を提示しうるものと考える。さらにザミールの論点を敷衍しておこう。ザミールによれば、文学作品のもつこのような働きを文学に特有なものにするのは、偶然的な主張や演繹的には妥当でない議論立てを共感的な仕方で受けいれることを可能にする心の状態を読者に生み出すことに、文学による議論（literary argumentation）が関わっているという点である。[23] 文学作品のキャラクターを好意的に受けとり、心を開いて理解しようとするような、前述のヌスバウムの指摘するような心のあり方は、偶然的な主張や恣意的でない第一の真理を受けいれられるようになるためにも必要とされるという点で、重要な役割をもつ。ザミールによれば、哲学者は厳密で網羅的な正当化を重視するが、すべての信念が必然的な前提から必然的に演繹されるわけでもないし、科学的な手続きによって経験的に基礎づけられるわけでもない。そのことを認める哲学者ならば、哲学者であっても、論理的に妥当でないとしても合理的であるような議論の是認に導くような示唆的なレトリックを必要とするはずである。そして、厳密な正当化がなされている信念と、必然的に導かれるわけではないが正しいことが期待されるような信念との間の隔たりを橋渡しすることに、あるいはそのような隔たりをないものとして扱うことを認めることに、一定の意義を見いだすはずである。それを可能にするのを助けるのが、文学作品のもつ示唆的な能力なのである。[24]

以上のように、文学は哲学との関わりにおいて固有の役割をもつと考えることができる。文学作品が読者に与えると考えられる、はじめに挙げたさまざまな影響も、文学がこのような文学に特有の側面をもつことによって、固有の力をもつと考えることができるだろう。

2　文学作品を哲学的議論として読むことの問題点

ここまで、文学作品を読むことが、読者にたいしてどのような影響をどのように与えうるのかについて見てきた。特にザミールの見解に基づき、文学作品が、演繹的に妥当ではないが重要性をもつ正当な議論を読者に提示し、そのような議論を受けいれる心の状態を読者のうちにつくるという働きの重要性に注目した。この説明は、文学作品が私たちに影響をもちうる仕組みについての説明であった。以降では、文学作品が実際の私たちの倫理的な思考に影響をもたらすとき、その影響がどのようなものになるのかについて見ていくことにする。

まず考えられるのは次のような懸念だろう。文学のもつ影響力は、人を倫理的によい方向に導く場合もあれば、悪い方向に導く場合もあるように思われる。たとえば、コーエンは、文学作品が読者に与えるよい影響として、他者の視点を通した世界の見方を文学が提供するという点を挙げる。道徳性にとって重要なのは、ある行為を受けるとしたときに自分がどう感じるかということではなく、行為の実際の受け手がどう感じるかということであるとコーエンは主張する。そして、他者の経験を把握するための能力は、文学作品と関わるという経験によって増大しうると示唆し、フィクションを読むという経験のもつ道徳的な重要性を指摘する。[25][26] しかしその一方で、文学作品を読むことは、読者を道徳的に悪化させる可能性があり、作品によっては、何が学ばれるべきことなのかも明らかでないことがあると指摘する。[27] このような影響の顕著な例として、差別的な感情の助長や差別的な意識の刷り込みなどが挙げられるだろう。文学作品が誤った知識を提供したり、著者自身の偏った見解を読者がそのまま受けいれてしまったりする可能性は否定できない。また文学作品によって、たとえ一般によいとされている行為や感情に導かれたとしても、その行為が物事のあり方にたいして不相応であり、単にキャラクターへの過度の共感などによって導かれた感傷的なふるまいであるということもあるかもしれない[28]。

はじめに見たように、文学作品が、妥当ではない議論を正当なものとして受けいれる心の状態を読者のうちにつくりうるということを考えると、以上のような懸念は当然考えられる。とはいえ、文学作品が、読者に自身のなかにある特定の意識や感情に気づかせ、そういった意識や感情が差別的なものなのではないかと反省させる力をもちうることもまた確かであるように思われる。文学のもつ影響力に関するはじめに取りあげた説明では、文学作品が、それまで読者のなかにはなかった見方や問題に気づかせるという点、そしてそれらを説得力をもって読者に提示するという点が強調されている。もし文学作品が哲学的な議論を提示するものとして読まれるべきならば、文学作品が提示する理解は、正しいものであることを目指したものとして読まれる必要があるだろう。しかし、文学作品が文学による議論によって示すことは、文学作品によって示されることが正しいのだということではなく、むしろ、文学作品によって示されるような見方がありうるという可能性がもっともなものであるということであり、そのような見方が考慮に値するのだということである。

文学作品の特徴がそのようなものなのだとしたら、文学という営みは動物にたいする私たちの見方にとって、特に重要な役割をもちうるように思われる。以下では、J・M・クッツェーの小説『動物のいのち』を中心に、動物倫理において文学作品が果たしうる役割について検討していく。

3　『動物のいのち』とその評価

『動物のいのち』は、一九九七―一九九八年のプリンストン大学におけるタナー記念講演でクッツェーが行った講演をもとにした作品である。タナー記念講演は通常、哲学的な小論による講演という形をとる。つまり、その講演は哲学者に向けられている。しかしクッツェーは、アップルトン・カレッジでの講演会に招かれて「哲学者と動物」と「詩人と動物」という題目で講演する小説家エリザベス・コステロについて描かれたフィクションを読みあげるという形の講演を行った。

『動物のいのち』でのコステロは、講演に際して、アップルトン・カレッジの物理学と天文学を専門とする准教授である息子ジョンと、心の哲学を専門とするその妻ノーマの家に滞在する。息子の視点を通して、コステロは老いて疲れた女性として描かれている。ノーマは動物に関するコステロの態度にたいしていらだちを隠さず、コステロの滞在中はとげとげしい雰囲気が漂う。

コステロは講演で、伝統的な哲学が理性を重視することで動物への共感を制限しているさまについて語り、また、現在の工場畜産の様子をホロコーストと類比的に語ることで、動物にたいする私たちの扱い方が偏見に満ち人間性を破壊するような忌まわしいものであると主張する。そして、哲学的な動物理解と対比されるものとして、詩による動物の描き方について語る。その講演の聴衆は主に学者であり、彼らはコステロの語り方に不満や不快感を覚える。また、自分の主義を明らかにすることを求める問いや、動物は死を理解しないし人間との共通点が少なすぎるといった指摘にたいして、戸惑い疲れ、相手が求めるような答えを与えないコステロの様子が描かれている。

最後にコステロは、息子に見送られる際に、自分が現実の世界で生きていくことにどれほど困難を感じているかを語る。コステロにとっては、自分の周囲の人々がユダヤ人の虐殺のような犯罪に関わり、その結果を享受している人々であると認めるしかなく、そのような現実と折り合うことができない。息子のジョンはその苦悩をあいまいな言葉で慰めることしかできず、当惑した印象を残したままこの小説は終わる。

まず、クッツェーの作品のもつ倫理的な意義がどのように評価されているのかを確認したい。E・アールトラは、『動物のいのち』でコステロが行う主張の内容とその主張の方法に注目する。コステロは、詩を代表とする文学作品のもつ力を支持しながら、論拠を重視し理性的な議論を用いる哲学者による動物理解を批判している。アールトラは、コステロによるこの訴えを次のように理解しながら、その訴えに賛同する。動物倫理において標準的とされる哲学的議論は、理性を重視し過ぎるため、人間中心主義に陥りがちである。[29] そのような人間中心的尺度の押しつけは、動物の視点を想像し理解することを不可能にしてしまう。一方、コステロを代表とする詩人は、動物の命が人間の感情への訴えをもつものであるべきだということ、人間が共感的な想像（sympathetic imagination）によって動物と同一化すること（identification）ができるはずであるということを重視し、議論によらない説得という、哲学者が耳をかさないような訴えを行う。以上からアールトラは、詩人の訴えに耳を傾けるための新しい聞き方が採用されるべきだと主張する。[30]

またアールトラは、コステロによる説得の方法として、コステロが工場畜産とホロコーストを並置することで、動物の扱い方の問題をその人の人間性に関わるような深刻な問題として提示する点に注目する。コステロは、肉を食べることを忌まわしいという言葉で表現し、さらに、工場畜産とホロコーストを並置することで、工場のなかで行われていることについて知らないふりをする人々を、収容所の周りに住んでいてそこで起きていることについて知らないふりをしていた人々、その人間性が疑われるべき人々と同一視する。アールトラは、コステロがこうした文学的な表現方法を用いて、単に「動物を殺すことは道徳的に間違っている」と言うよりもずっと効果的に人々に衝撃と不快感を与え、そのことによって人々に再考を促していると考える。[31]

他方、上述したジョーンズは、『動物のいのち』という作品自体のもつ説得力がどのようにして生まれるかを分析する。ジョーンズによれば、コステロは、理性を拒否し感情やメタファーによって語る自身の講演が学者たちに不快感を与え彼らから疑いの目で見られることを予想しながらも、そのような方法で語らざるをえないほど、自分の周囲の出来事や人々のあり方に傷ついている。そのような描写があることで読者は、コステロの動機が誠実で真正のものであり、コステロの試みが勇敢なものであると理解し、コステロへの敬意をもつようになる。そしてそのことによって動物についてのコステロの見解を深刻なものとして受けとるようになるという[32]。

4　動物倫理における文学作品の重要性

ザミールによる文学をめぐる議論と、『動物のいのち』にたいする以上の評価をふまえ、以下では、文学作品が特に動物倫理においてどのような役割を果たしうるのか、二つの点に注目して検討したい。

a．問題の深刻さ

特に『動物のいのち』で顕著に示される特徴として、アールトラやジョーンズも指摘するように、動物倫理の問題が本当に深刻な問題であるという可能性があると読者に思い至らせるという点が挙げられる。コステロが人間による動物への扱いについて本当に悩み苦しんでいる人物として描かれることによって、これまでそのような人物に出会ったことのない人も、動物にたいする人間の態度がそのような問題でありうると気づくかもしれない。動物倫理の抱える困難には、動物をめぐる問題状況そのものがそれほどの深刻さをもつものとみなされないということがある。人間をめぐる問題の方が重要であるとされて、ないがしろにされてしまうこともあれば、動物を好む人のある種の道楽のようにみなされることもあるだろう。しかし、動物をめぐるさまざまな問題は、たとえ人間をめぐる問題がどれほど重要であっても、その重要さが失われるものではなく、また、前節で挙げた活動家の姿勢からも分かるように、自らの生活の多くを捧げることを厭わないほどの深刻な問題である。まさにコステロのように、動物のもつ実際の重みを知り、動物の置かれている現状を知ってしまった人にとって、動物倫理の問題は、喜びに溢れ、生を楽しんでいる存在が苦しめられ殺されているという悲惨な問題であり、人間にとっても、心がえぐられ、無力感に苛まれるような問題である。さらには、その重要性が理解されないということによって、動物をめぐる問題に悩む人がさらに傷つけられていくという構造をもつ。『動物のいのち』が描いているのは、こうした観点である。その点で、この作品は、動物倫理そのものを描いているというよりも、倫理的に誠実であろうとする者が敬遠されてしまうという、理解されない社会的少数者としての人間の苦しみを描いていると言える。

ここで特に注目したいのは、コステロが、読者が彼女の言うことを鵜呑みにすることをためらうような特徴を与えられている点である。コステロは、家族にたいして愛情をあまり見せず、むしろ積極的に対立を生んでいるように見え、神経質で、狭量であるように見える。主人公に関するこのような描写は、読者を不安にさせる。主人公を正しく立派な人格者として描けば、読者は安心してその主人公の主張を受けいれられるだろう。逆にひどく下劣な人物の主張をもち出せば、読者はその主張への反感を容易にいだくだろう。しかし、コステロはそのどちらのタイプの主人公でもない。しかしそれでも、はじめに取りあげたヌスバウムやザミールによる分析からも示唆されるように、読者はひとまず心を開き主人公を理解しようとする。そのため読者は、コステロのいらだちや家族にまで冷淡になってしまう彼女のあり方に意味を見いだそうとする。そのことによって、コステロと周囲の人々との対立の原因である、動物にたいする人間の態度という問題を、主人公をそのような人にしてしまうほどの問題としてとらえることになると考えられる。つまり、コステロのような特徴を与えられた人物の考える問題への評価に迷うことで、ただ正しくよい人である主人公のもつ信念として動物への配慮の重要性が提示されるよりも、その主人公の苦しむ問題の深刻さを読者自身で見いだすことにつながると考えられる。[33]

その点で、『動物のいのち』は、動物をめぐる倫理的問題に関して私たちがすでにもっている理解に疑いを向けさせ、その問題の深刻さを再考させる役割をもつように思われる。この作品におけるコステロにたいする描写のもつ特徴は、動物への倫理的配慮という深刻さや緊急性が見逃されがちな問題が、人間の生にこれほど深く影響を与える問題でありうるということに気づかせる点で、特に重要だと言えるだろう。

b. 動物についての理解とその受容

ふたつめに注目したいのは、文学作品が、動物についての私たちの理解に影響を与えうるという点である。『動物のいのち』がこの点に関して果たしうる役割は少し複雑なものである。それは、この作品が、動物を直接に描いたり、動物と人間の直接的な交流を描いたりする作品ではないということに由来する。『動物のいのち』の果たしうる役割を検討する前に、まずは、たとえばジャック・ロンドンの『白い牙』やE・T・シートンの『シートン動物記』のような、動物を直接に描く作品や、椋鳩十の『マヤの一生』のような、動物と人間との交流を描く作品が果たしうる役割を見ることにする。というのも、そのような作品の果たしうる役割も、動物倫理にとっては特に重要なものであり、また、この点を明確にしておくことは、『動物のいのち』の果たしうる比較的複雑な役割を理解する助けにもなると思われるからである。

これまでにも述べてきたように、動物倫理においては、動物がどのような存在なのかということを理解することが重要なステップのひとつとなる。しかし、そのことが動物倫理の難しさの一因にもなっている。その理由のひとつには、倫理的な配慮にとって重要になりうる要素のなかで、動物に関して「事実」として提示されていることが非常に限られているということがある。たとえば、倫理的配慮にとって重要で基本的な要素である痛みについてでさえ、動物がそれをどのように受けとっているかをめぐって、その存在を疑おうとする立場もある。また、第3章で挙げたバルコムの指摘のように、怒りや恐怖、喜び、愛情といった感情を動物がもつのか、もつとしてもいつどのようにもつのかということを証拠を挙げて示すことは難しいと思われる。しかし、これまでも述べてきたように、そういった感情をもつ存在として相手を理解することは、その存在にたいする倫理的配慮が必要だと考える理由を与える重要なステップである。それらの要素を動物ももちうると証明することが困難であるとすれば、動物倫理の議論がもつ論証としての説得力は十分なものではなくなってしまうだろう。

しかし、すでに前節で指摘しているように、私たちが倫理的配慮をある対象に向けるときの実際のあり方を考えてみると、私たちの倫理的配慮の出発点はむしろ、日常的な経験を通じて、相手に快苦や感情などの内面的な豊かさがあるという可能性を受けいれるようになることだと思われる。たとえば、人間の乳幼児にたいする態度を考えると、私たちは乳幼児が内面をもつということを証拠が示されて初めて認め、それを理由に配慮の必要性を認めるというより、乳幼児に内面があることを受けいれることで、配慮に導かれるのではないだろうか。私たちは、相手に内面がある可能性に気づき、その可能性を受けいれて初めて、その相手への倫理的配慮の必要性や重要性を考えるようになると言うこともできるだろう[34]。

もし、私たちの倫理的な配慮がそのようなものなのだとしたら、動物倫理にとって重要なのは、証拠を提示することだけではなく、動物を理解する多様な見方の可能性や動物理解を助けうるある種の経験を提供し、それを受けいれるよう導くことだと言える[35]。ザミールが論じるように、文学作品は、この役割を果たすことができるだろう。

まず、動物の内面や動物の視点から見た世界について描く作品は、動物の生が豊かなものでありうるという可能性を直接に示し、それを読者に気づかせうる。しかも文学作品においてそうした動物の生は、瞬間的なものというよりも、さまざまな変化を含んで、ある程度の時間的な広がりをもって描かれる。そのことによって、特に喜びや期待、愛着といった豊かな側面の存在をも、十分に描き出すことができる。さらに、文学作品においては、たとえば野生動物のように、その生がどのようなことで構成されているのか、細かな部分まで想像することが難しい存在、あるいは、そもそもそのような動物がいるということも知らなかったような存在についても、生き生きと描くことができる。このことによって、ペット動物に関してすでに何らかの豊かな内面の理解をもっている人が、その理解が他の動物にも拡張可能であることに気づくということもあるかもしれない。このようにして、動物を本気で理解しようと長い時間をかけて実際に動物と接しなければ想像もできなかったかもしれないような理解が、動物を描いた作品を読むことを通して、現実的にありうることとして想像されるようになりうる。

具体的な作品を挙げるとすれば、適切な例と言えるかは見解が分かれるだろうが、たとえば、ロンドンの『白い牙』やシートンの『シートン動物記』は、擬人化を多く含みながらも、野生のなかで生まれた動物がどのように生き抜き何に喜びを覚え、どのように人間や世界を見るのかについての理解を私たちに与える。[36]『白い牙』では、犬の血をひく狼であるホワイト・ファングは、苦しく厳しい暮らしのなかでも母や人間に愛着を覚え、また、人間による酷使と虐待に苦しんだ後、思いやり深い人間に出会うことで、あたたかい感情や信頼の関係を覚えていく。シートンの「銀ギツネの伝記」では、狐たちが、厳しい自然や、自分たちを狙う猟師と猟犬におびやかされながらも、ときには遊び、喜びにつき動かされ、家族との絆をもち、その生を謳歌するさまが描かれる。

自然のなかに、こうした喜びが生じているということ、そしてそうした動物たちが自分たちの内面的な生活をもって自分たちの生を生きているのだということを、頭では理解していても、実感することは難しいかもしれない。そうした動物の生を描く作品は、そもそも私たちの念頭にないような、あるいははっきりと思い浮かべることが難しいような、動物の豊かな生の可能性を示していると言える。

次に、動物と人間の交流を描くことで、動物と関わる人が動物をどのように理解しているかを描き出す作品は、動物と関わる登場人物のもつ経験を、そのキャラクターを通して読者に経験させることで、動物と関わるということのもつ意味を想像させる。たとえば、椋鳩十の『マヤの一生』は、自身の飼う犬のマヤ、猫のペル、鶏ピピの様子を、かれらの互いの関わり方や、人間である自分の子どもたちとマヤとの関わりを中心に、詳細に観察しながら、さらに自分がかれらのふるまいをどう理解したかということを交えて、淡々と語る児童文学の作品である。そこで描かれる動物たちのあり方は、動物を飼う人にとってはまさに、動物たちの日常的なふるまいとして自分も見たことのある様子そのものであり、また、動物の内面の豊かさを感じるようになることにつながる日常的な経験の表現である。しかし、動物と身近に接したことのない人にとっては、それは動物に関する新しい見方であり、この作品を読むことで、それを飼い主としての視点から体験することになる。つまり、動物との関わりの経験が少ない人にとって、動物との関わりをもつ人を描く文学作品は、その描写があまりに荒唐無稽なものでない限り、動物と関わるという経験に代わる体験を提供するものになりうるだろう。

さらに『マヤの一生』には、そうした豊かさをもつ存在としての動物に向きあっているからこそもつような苦しみもまた描かれている。たとえば、本来は土間にいなければならないマヤが、夜中にこっそり座敷に上がり、飼い主に見つかる前に何食わぬ顔で土間に戻り、飼い主を迎えていたということを、飼い主が知ったときのことである。飼い主は、感情的になって、マヤをひどく叩いてしまう。そして、そのときのマヤの様子と、飼い主が気づかされたことが次のように描かれている。[37]

マヤは、悲しそうに、クーン、クーンと鳴きながら、身動きもせずに、じっと、わたくしに、たたかれるのでした。今でもわたくしは、あのときのマヤのすがたが浮かんできて、胸がクーンといたくなります。マヤに、悪いことをしたと、後悔の気持ちでいっぱいになるのです。

マヤは、ほんとに、心から、わたくしたちを愛していたのです。わたくしたちの、近くにいるというだけで、うれしくてたまらなかったのでしょう。

わたくしたちが眠ってしもうと、そっと、そっと、となりのへやまでやってきて、少しでも近く、わたくしたちに近づこうと、境の障子に、からだをつけて夜あけまで、じっとしていたのです。

〔……〕

ほんとに、はずかしいことでした。

このエピソードは、豊かな感情的なあり方を動物に見てとっている人が、動物にたいしてどのように向きあっているかを伝えている。そうした人にとって、動物を苦しめることは、単にかれらが痛みを感じるから悪いことなのではなく、かれらのなかにある、あたたかな感情を裏切ることであるということによっても悪いのである。そして、マヤの成長や、マヤと飼い主たちとの間に信頼関係のようなものが築かれていくさまが、長い時間的な広がりをもって描かれていることで、登場人物のもつ動物へのこうした態度が、先に述べたコステロの苦しみのように、読者にとって、真剣に受けとるべきものとなる。

マヤは、最終的に、戦争の時代のなかで、人間の手によって死に追いやられる。マヤの死がどれほど悲劇的なことであるかを読者に伝えるのは、マヤが、戦争が始まる前はもちろん、戦争という不幸に世間がおおわれ、その不幸が自分の身に迫っているときでさえ、子どもたちと無邪気に大喜びで遊び、人間や家族である動物たちへの愛着に溢れていたこと、そして、人間の暴力によって死に追いやられるにもかかわらず、死に際してもマヤが見せたのは人間への愛であるということである。マヤの苦しみが描かれるのは、ほんのわずかである。作者がマヤのなかに見いだしていたのは、常に、喜びと愛情であり、それこそが、マヤの死を悲劇にするものである。第3章ですでに指摘したことであるが、まさに、そうした内面的なあり方の可能性を受けいれることが、動物のもつ重みを本当に理解するためには必要であり、それを受けいれることを可能にするのが、そうした内面の存在を示唆するさまざまなふるまいを細やかに描く文学作品であるように思われる。

ここまで述べてきたことを、前節との比較によって特徴づけるならば、次のようになるだろう。動物のもつ豊かな内面の存在に気づくためには、動物に心を開いて、長い時間をかけてかれらと接し、かれらを見守るという経験をすることが重要であるとしたとき、動物をめぐる活動家の示す動物理解は、実際にそのように動物と接してきた人の経験から得られた理解の提供として、それを受けいれる理由があるような説得力をもつ。そして文学作品は、時間的な広がりをもって、動物の生き方や人間と動物の関わりを描くことで、読者自身にそうした経験を仮想的に体験させ、それによって、多様な動物理解を読者自身が形成し、受けいれるという状態をつくるという働きをもちうる。野生動物などの動物の生を描く作品は、それぞれの動物が、一個の個体として生きるその視線を描き出すことで、読者自身が、個々の動物の生の豊かなあり方の可能性を知り、それを経験するよう導く。そして、人間と動物の交流を描き、動物をよく知る人間のもつ経験を描く作品は、それを読むことで、動物と現実には接したことのない人も、動物を知る人による動物にたいする理解の仕方を、自分のものとして経験することになる[38]。

もちろん、さまざまな作品における動物描写が動物についての正しい描写であると確信することはできないし、するべきでもないだろう。動物を描く小説のなかには、単に人間のあり方を動物の姿を借りて描いたものもあるし、動物に関する誤解を含んだものもある。すでに述べたように、文学作品によって提示されたことをそのまま受けとることには危険も伴う。

また、文学作品によって動物についての理解の可能性が広がったとしても、それが直接何らかの行為を導くというわけではないかもしれない。文学作品がフィクションであるということによって、動物をめぐって描かれた描写が真剣には受けとられないという面もあるだろう。しかし、ここで述べたことは、フィクションとしての文学作品であるからこそ果たしうる独自の役割である。もちろん、人々が動物をめぐる文学作品を読むということだけで動物倫理の狙いが達成されると言いたいわけではない。そうではなく、動物倫理の議論が成功するための重要な部分として、特に動物という、私たちによる理解の正しさが保証されない相手について、哲学的な語り方や自然科学的な語り方とは異なる語り方を可能にし、それを受けいれるような状態を私たちのうちにつくるという役割が文学にはありうる。

この観点について、『動物のいのち』からは何が言えるのだろうか。『動物のいのち』においてコステロは、私たちが、共感的な想像力によって、同じように生命をもつ存在の立場になることが可能だと考える。そうすることによって私たちは、その生きている存在が充足した存在（full being）[39]であるということが分かるのだという。しかし、コステロによる動物についてのこのような見方は、哲学的な議論に基づく動物についての見方に反論する主張という形で提示されている。そのため、動物を見る見方自体を文学的な表現形式によって私たちに直接に示すという働きは、ここでは限定的なものになっている。むしろ『動物のいのち』において文学的に描かれているのは、動物への人間の態度によって悩み苦しむコステロの姿である。そのため、コステロの主張内容をそのまま動物についての見方を提示する役割を果たすものと理解しそこに文学独自の重要性を見いだすことも可能ではあるが、その主張が何らかの力を私たちの動物理解に及ぼすとしたら、もっぱらそれは、前にも述べたように、その主張がコステロという主人公の苦しんでいる問題だからだと言えるだろう。C・ダイアモンドも、コステロの講演を見る見方を、第一に、ひとりの傷ついた女性が提示されていることに関心を向ける見方と、第二に、動物をどう扱うべきかという問題へのひとつの立場が提示されているということに関心を向ける見方という二つの見方に区別したうえで、前者に注目した議論を展開している[40]。このように『動物のいのち』は、悩み苦しむコステロの存在によって、人々が各々で保持してきた動物理解を反省する必要性や、標準的な哲学による動物の見方とは異なる動物についての見方の可能性を真剣に考える必要性を浮かび上がらせていると言えるだろう。

以上で見てきたように、文学作品は動物倫理において独自の仕方で一定の役割を果たすと言えるだろう。その役割とは、読者にたいし、動物倫理の問題が真剣に悩むべき倫理的問題である可能性に気づかせること、証拠を示して論じることが難しい、動物の内面的なあり方や動物との関係についての理解の可能性を広げること、そして、動物の視点から見た世界の経験や、動物と関わるという経験に代わるものを提供することによって、豊かな動物理解を受けいれる状態を私たちのうちにつくること、さらに、第一の役割と関係するが、それまでもっていた動物理解に反省を促すことである。これらの役割は、文学作品が「文学による議論」を提示し、そのような議論を受けいれる開かれた心の状態を読者につくるという働きをもつことによって果たされる。動物への配慮の必要性を哲学的な議論に基づいて展開させる際には、しばしば何か説明しきれていないことがあるのではないか、動物が配慮されるべき存在であると考える理由の多様さをとらえきれていないのではないか、という不安に陥る。それは倫理にとって深刻な懸念である。そのような私たちの現実の状況のなかで、これまでの動物倫理による論じ方とは異なる語り方で、動物についての異なる見方が提示されることには、無視することのできない重要性があるだろう。

本章で述べてきた、動物を助ける活動をする人々のもつ理解や、文学によって示される動物理解の可能性は、第3章で注目する必要性を論じた側面である、動物のもつ内面の豊かさが、実際に動物と倫理的に向きあおうとする際に意味をもっていることを示していると言えるだろう。そして、動物のそうした側面の存在を受けいれられるほどの関係を動物との間に築いたことのない人が、そうした可能性を本当に理解して受けいれるためには、これまであまり注目されてこなかったこうしたアプローチにも重要性があるはずである。

注

1 ペット動物の流通過程にある問題については、太田 2013、2019を参照。
2 環境省 2015。
3 そうしたトラブルの現状とその解決のための方策としての「地域猫」活動を取りあげた著作として、黒澤 2005がある。
4 打越 2016、五七―五八頁。
5 二〇一四年度の統計資料によると、一三二七匹の猫が収容され、九二七匹が殺処分されている（東京都福祉保健局動物愛護相談センター 2014）。
6 太田 2012。
7 太田 2012、四六―四九頁。
8 里親になるための条件の一例は、太田 2012、三八―四〇頁。
9 太田 2012、一二九―一三一頁。〔 〕は引用者。
10 どいかや 2011、八三頁。

11　『ハルの日』（2011）の制作者である渡辺眞子（文）、どいかや（絵）、赤井由絵（音楽）、坂本美雨（朗読）は、それぞれに動物愛護活動や啓蒙活動・情報発信を行ってもいる。この作品は絵本としても出版されている（渡辺ほか 2018）。

12　個々人のもつ経験をこのような仕方で重視することにたいしては、次のような懸念が生じるかもしれない。つまり、たとえば、何らかの超自然的な経験を通して世界の真理を把握し、私たちの現在の慣習を変えなければならないということを知ったと主張する人がいたとき、私たちはその主張を重視するべきだと考えるだろうか。この懸念にたいする初めの答えは、少なくとも、私たちは自分自身にとって思いもよらぬ見解に出会ったとき、それを即座に否定するべきではないということである。つまり、そうした主張にも耳を傾けることは必要である。そのうえで、本節で論じている、動物をめぐって活動をしている人々のもつ理解が、それを受けいれるほうがもっともであると言えるほどに重みをもつと考えられる理由を挙げるならば、第一には、そうした理解を支持するような、第3章で取りあげたような科学的な証拠もまた存在しているからということになるだろう。また、その理解が、たとえば物理法則や生理学的な事実など、他のもっと確実な信念との齟齬のないものであるということもまた、理由のひとつになるはずである。

13　もちろん、動物と触れ合う人の考えであれば信頼できるというわけではない。たとえば動物にたいして過度に擬人化した理解を向けている人の主張は割り引く必要があるだろうし、同様に、動物からたとえば経済的な利益を得るなどして、動物を道具的にとらえている人の理解をそのまま受けいれることは不適切だろう。理解の適切さに関するこうした区別については、第6章3節で改めて論じる。

14　たとえば、Cavell et al. 2008 など。

15　Zamir 2011, p. 937.

16　Zamir 2002, pp. 321-323.

17　ザミールは、文学作品を読むことは何らかの信念を形成するような諸経験を生み出しうることであるため、文学作品を読むという経験について哲学的に分析することは信念形成のプロセスの探究として重要性をもつという点も挙げる（Zamir 2002, p. 331）。

18　たとえば、登場人物の経験する出来事を経験するということがどのようなことなのかといった感覚が分かるということや、感情が引き起こされることなどが挙げられるだろう。

19　Zamir 2002, p. 323.

20 Nussbaum 1990, pp. 282–283.
21 Jones 2011, pp. 212–213, 216.
22 Zamir 2002, pp. 326–327.
23 Zamir 2002, p. 327.
24 Zamir 2002, pp. 328–329. ただしザミールは、そのような種類の議論による探究が哲学的に正当化されるのは、レトリカルではないような方法による探究が利用できないときであるという制約を加えている（Zamir 2002, p. 330）。
25 Cohen 2009, p. 490.
26 S・マルホールは、ディケンズの作品を例に、子どもの視点から見た世界を提示することは、世界を見る中心としての子ども自体に注意を払うよう読者にたいして促す働きがあると論じている（Mulhall 2009, pp. 7-8）。
27 Cohen 2009, p. 487. コーエンは、学ぶべきことが分からない場面の例として、M・トウェインの『ハックルベリー・フィンの冒険』の一場面を挙げる。物語の登場人物である黒人のジムは、作品中でもっとも勇敢で賢明な人物として描かれており、ハックと共に旅をするのだが、ジムと論争になったハックは、黒人に議論を教えることなんてできないと考えて論争を終えてしまう。
28 感傷をめぐるさまざまな議論については伊勢田 2012 を参照。
29 アールトラが念頭に置いている論者は、シンガーやレーガンらである。
30 Aaltola 2010, pp. 121–122, 125.
31 Aaltola 2010, p. 134.
32 Jones 2011, esp. pp. 215–216.
33 この点についてジョーンズは、コステロの試みにあらわれる彼女の痛みと勇気を正しく評価することによって、読者がそのような描写にもかかわらずコステロを尊敬するようになると考える（Jones 2011, esp. p. 216）。しかしこの点に関してはむしろ、コステロを尊敬するということではなく、読者がコステロを理解しようとすることで問題の深刻さに気づくということに重要性があるだろう。したがって、コステロについてのそのような描写が読者を不安にさせる面をもつということにこそ着目すべき点があるように思われる。
34 コステロの「心を開いて自分の心の声をお聞きなさい」（Coetzee 1999, p. 37〔邦訳書六〇頁〕）という指摘は、このポイントに関わると言えるかもしれない。コステロは、哲学的な議論の一貫性を重視し、その観点から動物を見ようとする人々、たとえば動物は死を理解しないため動物にとって死はそれほど重要ではないと論じるような哲学者（Coetzee 1999, pp. 63-64〔邦訳書一〇七―一〇八頁〕）にたいし、あなたは本当に動物をそのように見ているのか、もっと違う仕方で動物を見る見方を実は受けいれているのではないかと問うているように思われる。

35　もちろん、動物の内面的な豊かさの可能性を認めたからといって、倫理的な配慮に必ず結びつくというわけではない。人間同士の配慮に関しても、どれほど相手に内面的な豊かさを認めていても、その相手にたいしていくらでも残酷になることはできる。コーエンも、相手の生の意味にたいする想像力について論じる際に、同様の点を指摘している（Cohen 2009, p. 488）。

36　これらの作品によって直接に伝えられていることは、生きて死んでいくのが当然である自然の世界のなかで、それでも、人間の欲望のために殺されるということがそれとはまったく違う意味をもつのだということ、そして動物が、人間の影響を受けながらも人間の思惑の通りに動くのではなく、かれら自身の生を生きているということであるように思われる。

37　椋鳩十 1970、六三―六五頁。〔　〕は引用者。

38　これは、文学作品が、単に動物のふるまいを記述するのではなく、その状況にとって意味のある特徴をクローズアップして詳細に描き、また、キャラクターの心の動きをも描き出すものであるということも影響していると考えられる。たとえば、ただ動物の様子を見るだけでは、そのふるまいが何を意味するのかについて、それを理解するだけの経験をもち、さらには理解しようという意欲がなければ、それを読み取ることは難しい。しかし、文学作品を読む場合には、重要な特徴が作者によって選び出され、そのようにして特徴づけられた状況におけるキャラクターの心のありようが特定されており、読者は、その見方をいったんは自分のものとせざるをえない。そのため、作者が提示した可能性を最終的に読者が認めるかどうかは別として、ただ漫然と状況を眺めるということは、読者には許されていない。

39　Coetzee 1999, p. 33〔邦訳書五二―五三頁〕。

40　Diamond 2008, p. 49〔邦訳書八六頁〕。

第5章　T・ザミールの議論

ここまで、動物への配慮を当然のものとするための前提となるような、動物のもつ倫理的な重みについて論じてきた。そのうえで、動物にたいして倫理的に向かい合う人間のあり方やその動物理解に注目することで、そうした動物の重みを本当の意味で受けいれるための道筋を示すという、見過ごされがちではあるが、特に動物倫理においては重要性をもつ課題に取り組んできた。本章では、そうした動物理解をふまえたうえで、動物をめぐる問題をどのように論じていくべきかを検討していく。

第1章において第二の課題として指摘したように、動物への配慮を当然のものとして示すためには、その方法の理論化を目指すというよりも、これまでに得てきた動物理解と、私たちが倫理に関してすでに受けいれている基本的な理解から、動物への配慮の必要性が導かれるということを示さなければならない。こうした議論を可能にする立場として、本章では、T・ザミールの議論を検討する。そして、このアプローチが、シンプルであるが、動物をめぐる現状にたいして十分な改革を求めうることを確認する。そのうえで、ザミールの最小主義的立場にたいして本書の問題関心から指摘しうる課題についても検討する。[1]

第1節　動物への配慮の必要性

ここまで、動物倫理の議論において見過ごされがちであった観点として、動物のもつ能力のうちポジティブな側面がもつ倫理的な重みと、そうした重みの存在の可能性を受けいれること自体のもつ重要性について見てきた。動物が、その死が道徳的な問題となるような存在なのだとすれば、動物をめぐる現状が道徳的問題を抱えているということは明らかであり、そこに改変を迫るために、新たに何らかの理論的な装置を導入してその理論を受けいれるよう説得することから始める必要はないはずである。つまり、動物への配慮が必要だということは当然なのであり、むしろ必要なのは、第一に、動物への配慮が必要であるというその信念を打ち消してしまうような考えを分析すること、そして、第二に、私たちがすでに受けいれて、日々の倫理的配慮の際に訴えている基本的な倫理的信念から、動物がどのように配慮されるべきかを導くことである。

1　動物への配慮に対抗する信念

私たちは動物にたいして何をしてもいいとは考えておらず、動物のもつ倫理的な重みをすでに認めている。そしてさらに、第3章で指摘したような豊かな側面を動物に認めるのであれば、動物の死が問題であるということもまた、認めることになるはずである。にもかかわらず、たとえば、そのような存在である動物を食べるために殺すということが、その過程で生じる苦痛によってだけではなく、それ自体として倫理的な問題であるという理解が受けいれられにくいのはなぜなのだろうか。

第一には、第1章でも指摘したように、特に牛や豚といった家畜動物に関して、多くの人は暗黙の裡に、食べるために飼育されている存在だという理解をもって接しているからだろう。そのことによって、飼育に伴う苦痛には倫理的問題を見いだしながらも、食べるために殺すということ自体に疑問を感じるような素直な理解があらかじめ制限されていると考えられる。家畜動物にたいするこうした理解がどのような意味で問題なのか、そして、こうした理解にたいして自覚的になるために、どのような観点から動物を見ることがふさわしいかについては、第6章で論じる。

第二に、植物もまた命をもつのに、植物を食べることは許され、動物を食べることは許されないのはおかしいと考える人がいるかもしれない。つまり、私たちが生きるためには植物や動物などの、命あるものを犠牲にせざるをえないのであり、そのようななかで動物だけを特別視するのは不公平だ（したがって、植物も動物も同様に食べてよい）、という考えである。

もちろん、植物も生物である以上、命をもつ存在であることは確かである。そのため、単なる物質の場合と比べて、そのような存在にたいしては、理由なく破壊すべきでないと考える理由がありうる。しかし、植物のニーズについて論じた第2章1節4項でも指摘したように、植物が害を被りうるということが意味をなすとしても、それは人間や動物のものとは大きく異なっている。つまり、植物は、痛みを感じることや豊かな内面をもつことといった、ここまで論じてきた倫理的重みに関係するさまざまな特徴を共有していない。植物も動物も、そして人間も、確かに「命あるもの」という点においては同じである。しかし、その括りだけで済ませるのは、あまりにも大雑把だろう。「植物も動物も同じ命だ」と考えるのであれば、本当に、同じ命ある存在としての人間や動物にたいして、命あるものという点だけを考慮して植物に向けるのと同じ態度を向けるべきだと言いたいのか、よくよく考えてみる必要がある。

ここで重要なのは、動物と植物の間のそうした違いを強調することは、植物が何ら倫理的な重みをもたないと主張することではないということである。そうではなく、動物が痛みを感じることや豊かな内面をもつことによって、私たちには、動物を殺すべきでないと考えるより強い理由が与えられるのである。また、こうした考えは、人間が勝手に植物や動物を評価して植物を下位に置いている、ということでもない。ここで目が向けられているのは、倫理的配慮に関連する特徴である。たとえば殺害といった私たちの特定の行為の対象となったときに関係してくる特徴（命をもつこと、痛みを感じること、恐怖を感じること、喜びや期待をもつこと、など）の、何をどれほど有しているかが問題なのであって、そこに序列的な見方が伴っている必要はない。ある対象を、その特徴に応じた仕方で優先することの是非という観点は、次に挙げる第三の問題とも関わっていると考えられる。

さらに付け加えるとすれば、動物と植物を命としてひとまとめにしたうえで、両者を等しく扱うことができないならばどちらにも何も配慮すべきでない、という考えは、維持するのが困難である。確かに私たちは――ほとんど常套句として言われるように――他の命を犠牲にしなければ生きられない。そうした犠牲を本当に重大なものとして受けとるならば、犠牲をなるべく減らすように努力すべきはずである。そして、動物を殺して食べることは、その動物を飼育するためにさらに必要とされる植物について考える量的な観点からも、苦痛や希望の挫折といった、生じる犠牲の質という観点からも、より一層犠牲の多い選択肢である。[2] 同じ考えを人間に当てはめて考えれば、「何も配慮すべきでない」という主張が破壊的であるということは明らかだろう。

第三には、すでに第1章で指摘したことと関わるが、動物にたいして人間が優先されるべきだというかなり強固な信念が関係している。この考えは、まず、動物の問題に関わる時間と資源があるならば、それを人間の問題を解決するために使うべきだという、動物への配慮にたいする無関心として働く。こうした考えが動物倫理の議論を困難にしているということについては第4章2節4項で述べた通りであるが、シンガーもまた次のように述べている。[3]

動物について一般市民の関心を喚起するのをむずかしくしている要因のうちで、おそらく克服するのがもっとも困難なものは、「まず人間が第一だ」という仮定、つまり動物の問題は人間の問題に比せられるほど真剣な道徳的、政治的な課題とはなりえないという仮定である。

ただし、シンガーはこうした考えにたいし、「ひとたび私たちがスピシーシスト〔種差別主義者〕の偏見を捨てたら、ヒトによるヒト以外の動物の抑圧がここに挙げた諸問題と同じくらい重要だということが理解できるであろう」[4]として、人間の問題と動物の問題それぞれのもつ重要性の間に差をつける考えを退ける議論を展開する。そうした議論からも分かるように、人間の感じる快苦と、動物の感じる快苦について、それが人間のものであるからという理由だけによって、人間の感じる快苦にたいしてより大きな重みを与えることを拒否するのが、功利主義の立場である。

人間と動物の対等性を強調するこうした立場は、もしかすると動物の問題に目を向けさせることはできるかもしれない。しかし他方で、第1章4節でも指摘したように、そのような考えが正しいわけがないという拒絶や、人間を貶めるような考えだという反発を生む可能性もまた十分にある。人間は優先されるべき存在だという信念はそれだけ強固なものだと考えられる。では、その強固な信念が反映されるような説明が組みこまれさえすれば反発は回避されるかというと、おそらくそうはならない。なぜなら、人間と動物の対等性を強調する立場であるにもかかわらず、人間の利害が優先されることを認めるなら、それは人間の都合のよいときにだけ動物への配慮を主張する、恣意的な議論だということになりうるからである。

つまり、人間が優先されるべきだという信念は、動物の問題にたいする無関心を生じさせうるだけでなく、特に人間と動物の対等性が強調される文脈においては、一方でその信念が否定されれば反発を生み、他方でその信念が単に議論に反映されただけでは疑念を生む。こうした形で、人間と動物の対等性を強調する立場と、人間が優先されるべきだという強固な信念との対立が生じている現状は、すでに受けいれられていたはずの動物の重みを、動物の倫理的配慮という考えに実際につなげるということを妨げる障壁になっていると考えられる。そのため本章では、動物への配慮に対抗するこの第三の信念について詳細に検討していきたい。まず、種差別主義と動物解放論という、動物倫理の議論の流れを形作ってきた両立場の対立図式を概観したうえで、そうした対立が困難をもたらしている場面として、人間の命と動物の命のどちらかを犠牲にしなければならない状況を描いた救命ボート問題を取りあげる。そのうえで、そもそも人間と動物の対等性を主張せず、人間が優先されるという信念が何を意味するかを検討しながら動物への配慮の必要性を論じるザミールの議論を参照する。

2　種差別主義と解放論

シンガーが、R・D・ライダー[5]の言葉を借りて「種差別主義（speciesism）」という概念を動物倫理の議論に導入して以来、種差別主義という立場は、動物への倫理的な配慮を支持して私たちの実践を改変しようとする立場である「解放論（liberationism）」にとって、論駁しなければならない主要な論敵とされてきた。

種差別主義とは、利害への平等な配慮の重要性を論じる際にシンガーが用いる概念であり、人間同士の間でなされる差別である人種差別や性差別と類比的に、人間によって動物にたいしてなされる根拠のない差別的扱いを批判するために用いられる。シンガーは、ある存在が利害をもつかどうかを決める唯一の妥当な判断基準を、その存在が、苦痛を感じること、あるいは快や幸福を感じることであるとする。そのため、シンガーによれば、快苦を感じうる存在であるほとんどの動物は利害をもちうる存在であり、したがって、平等な配慮の対象であることになる。そうであるにもかかわらず、知的能力の差や種の違いなどを理由に動物の利害を考慮から除外するとしたら、そのことは、まさに人種差別や性差別と同じ無根拠な差別を動物にたいしてしていることになる。

シンガーは特に、人間の生命をそれが人間のものであるということだけに基づいて神聖化し、意識の能力といった、その生命を重要なものにする能力を共有するはずの他の動物の生命を顧みないことを、根拠のない人間中心主義的な態度として批判している。すなわち、生命を維持することに関して生じる利害に違いがないにもかかわらず、それが人間のものであるからといって特別視するのは、まさに種差別にほかならないのである。こうした議論によって、動物にたいする種差別主義的な態度は、人間にたいして差別的な態度をとるのと同じ動機づけや構造をもつ、偏見に満ちたものだという考えが、動物倫理の議論において広く共有されるようになった。解放論の立場に立つ人々の多くは、次のような考えを自身の考えとして基本的には認めてきたと言うことができるだろう。つまりこの立場によれば、こうした種差別主義の偏見を取り去り、多くの動物を人間と同様に倫理的配慮の対象とすべきであり、動物にたいしてなされている多様な搾取的実践が改変あるいは廃止されるべきである。

このような対立軸のもとで見るとき、動物への倫理的配慮を支持するある見解にたいして、種差別主義的な理解を内に含んでいるという指摘がなされるということは、その見解が、動物への倫理的配慮の必要性を擁護しながら実は動物への偏見を含む、一貫性のない説得力を欠いた主張だという批判がなされているということを意味する。したがって近年の動物倫理の議論においては、動物への配慮の必要性を主張しながら、ある場合には人間を人間であるという理由で優先することは、議論の弱さを示していると考えられてきた。とはいえ、実際のところは、ある場合には動物よりも人間が優先されるべきだという考えは、容易には退けがたい考えでもあるだろう。

たとえば、動物にある種の権利を認めようとする論者であるレーガンは、動物よりも人間が優先されうる状況として、「救命ボートの状況」を提示する。[6] これは、人間と動物が等しく尊重されねばならないというレーガン自身の主張にたいして指摘されうる反論として想定された問題である。レーガンは、この想定上の反論者が強調する、人間が優先されるという直観を、自身の理論にたいして矛盾しない形で組みこもうとする。救命ボートの状況とは次のような状況である。ある救命ボートに、四人の一般的な大人と一匹の犬が生存者として乗っている。ボートのサイズは小さく、そのうちの四者しかボートに乗り続けることはできず、誰か一者をボートから放り出さなければ五者全員が死んでしまう。レーガンへの反論者は、次のように主張する。このような状況で、尊重される等しい権利を全員がもつのだからくじ引きをすべきだなどと誰が言うだろうか。犬が人間と等しく生きる権利をもち、等しく生き残るチャンスが与えられるべきだなどとは、分別のあるどんな人も考えないはずである。

　これにたいしてレーガンは、第1章で手短に述べたが、最悪回避原理に訴えることで、放り出されるべきなのは犬であるという信念が正当化されると主張する。[7] 最悪回避原理は、等しい権利をもつ無辜の存在者のなかの誰かに害を加えなければならないという状況において、ある存在者にもたらされる害と、別の存在者にもたらされる害とが、同等のものではない (not comparable) ときに適用される原理である。たとえば、ある行為xをすると一人の人Aに一二五の害がもたらされ、別の行為yをすると一〇〇〇人の人にそれぞれ一の害がもたらされるとする。つまり、行為xによってAにもたらされる害は、行為yによって一〇〇〇人のうちの誰にもたらされる害よりも、比較にならないほど大きい。このようなときに、そのどちらかの行為を選ばねばならないならば、行為yをなすべきである。たとえ行為yによって総計としては一〇〇〇の害が生じるとしても、一〇〇〇という総計としての害を被るような者はいない。[8]「誰の権利が誰の権利を乗り越える (*override*) べきかを決めるのは、一〇〇〇人の害の総計と比べたAの害の総計ではなく、一〇〇〇人のなかの各個人にもたらされる害と、Aにもたらされる害の大きさである」[9]。この原理を救命ボート問題に適用するときには、死んでしまうことによって四人の人それぞれにもたらされる害と、犬にもたらされる害とが比較されることになる。死という害は、死によって奪われる、充足の機会に応じて決まると考えられる。そして、犬にとっての死は、害ではあるけれども、四人のうちのどの人にとっての死の害とも同等ではない。四人のうちの誰が船外に放り出されたとしても、犬が船外に放り出されることによってその犬が被る害よりも大きな害を、放り出されたその人は被ることになる。したがって、犬を放り出すという選択がこの原理によって正当化される。[10]

レーガンの主張は、人間がただ人間であるという理由で優先されるというものではなく、死によって人間が被る害は動物の場合よりも大きく深刻であるという理由に基づいたものである。それでもこの主張は、強い権利を動物に帰属させるレーガンの強固な立場とは馴染まないように思われる。ある場合には人間が優先されるべきだという、強固な直観を組み入れようとするレーガンの議論は、動物が権利をもつという自身の主張を弱めてしまっているとみなされるだろう。

このように、動物解放論の議論は避けられない困難に直面するように見える。つまり、動物への配慮の必要性を主張する人々が、場合によっては人間を優先するような主張をすることは、議論の一貫性を欠くこととして批判される。しかしその一方で、ある場合には人間が優先されるべきだという極めて強力な直観を反映させないこともまた、説得力を欠くこととして批判される。

しかしなぜ、動物解放論は、動物を人間と対等の存在と主張しなければならないのだろうか。確かにこれまで、動物への配慮の必要性を訴える論者たちは、動物が重要な意味でどれほど人間と似た存在であるかを主張してきた。そしてそれは、倫理的な行為の主体が人間であり、倫理的な配慮の対象としてすでに確立されているのが人間である以上、当然のことである。だが、人間との類似性に訴えることで見いだされてきた動物の倫理的な重みは、どのような場面においても人間と同等の重みとして働くのでない限りは消えてしまうというようなものなのだろうか。第4章2節4項でも述べたように、人間をめぐる倫理的な問題の方がより重要だと認めたとしても、それによって、動物をめぐる倫理的問題の重要性が失われるわけではない。同様に、人間が特別であるということを認めたとしても、あるいは人間が特別な存在であるからこそ、動物に見いだすべき倫理的な重みがあり、それは動物をめぐる現状に変更を迫るのに十分であるように思われる。

次節では、こうした状況にたいし、人間と動物との対等性を主張するのではなく、人間が優先されるということを認めたうえでなお、動物への配慮の必要性が維持されるという主張を展開するザミールの議論を見ていく。

第2節　ザミールの議論

本章で参照するザミールの議論のもつ特徴は、次の二点であると言える。第一に、動物と人間との対等性を主張せずに動物への配慮の必要性を導く「種差別主義的動物解放論」の立場をとることで、私たちの反発を招くような極端な立場を回避すること、第二に、何らかの規範理論の枠組みに依拠するのではなく、私たちがすでに受けいれている基礎的な倫理的信念に訴えることで、より理論的な負荷の少ない仕方で動物への配慮の必要性を導く最小主義的立場をとることである。その点で、ザミールの立場は、動物への配慮の必要性を当然のものとして示すという本書での問題関心を具体化しうる立場であるように思われる。以下では、まず、第一の特徴である種差別主義的な解放論の立場を詳しく見ていく。そのうえで、こうした立場からどのように動物をめぐる問題にたいする改訂的な主張を展開するのかという第二の特徴を確認していく。

1　ザミールの種差別主義的解放論

ザミールは、種差別主義として一括りにされているさまざまな考え方を分類・定義し、そのほとんどが動物解放論と両立しうるということを示すことによって、動物解放論が直面する困難を解消することを試みている。その基本的な路線は、人間という種のメンバーであることを道徳的に重要な性質として認めながらも、そのことが、必ずしも動物を道徳的配慮から排除することを含意するわけではないと示すというものである。以下ではその議論を詳細に追う。

まずザミールは、広く流通している種差別主義的な立場を次のように定義する。[11]

種差別主義（1）：人間は、人間であるから、人間以外の存在よりも重要である。

解放論者がこれまでにとってきた方針は、この理由づけが正当化可能であるかを問うというものだろう。つまり、人間という生物種であるということだけによって、人間が重要な存在だということが導かれるという考えに疑問を呈してきた。しかしザミールは、この定義自体の正当化について論じるという路線はとらず、こうしたタイプの種差別主義を容認したとしても、解放論と対立することになるわけではないと論じる。その際に重要となるのは、大きな価値（great value）と切り札となる利害（trumping interest）の区別である。ここで問題となっている種差別主義は、人間がより大きな価値をもつとする立場である。しかし、ある存在が大きな価値をもつということは、その存在が、より価値の低い者のもつ利害を常に打ち負かすような、切り札となる利害をもつということを意味するわけではないとザミールは述べる。[12]人間同士の場合にはこうしたことが主張されることは普通にありうる。たとえば、偉大な発見をしている科学者のように重要な価値のある人と、自分の年老いた父親の、どちらか一方しか救えない人が自分の父親を救うことは、道徳的に望ましいと言われうる。[13] この場合と同様に、人間により大きな価値を認めることは、動物のもつ利害が常に人間のもつ利害によって打ち負かされてしまうということを意味するわけではない。ザミールによれば、大きな価値というのは、誰の利害が優先されるのかを決めるさまざまな考慮事項のなかのひとつにすぎない。[14]

このように、単に人間により大きな価値を認めることは、動物解放論と必ずしも対立しないように見える。だが、次のように解放論を批判する人がいるかもしれない。つまり、価値と利害の間のつながりは、家族の愛着や忠誠心といった強力な考慮事項がある場合にだけ無効になるのであり、そうした愛着の対象だとは考えられない多くの動物の場合には、やはり人間の利害が味方されるべきである。こうした見解を想定するとすれば、種差別主義は次のように定義されるのがより適切だということになる。[15]

種差別主義（2）：人間が人間以外の者よりも重要なのは、人間が人間であり、したがってすべてのことが等しければ人間の利害が味方されるべきだからである。

ザミールによれば、この種の種差別主義もまた、解放論と必ずしも対立するわけではない。というのも、このような信念をもっているとしても、人間のもつどのような利害がどのような仕方で味方されるべきなのかを決定することにはつながらないからである。たとえ、人間がより重要であり人間の利害が優先されるべきだという考えを受けいれるとしても、それによって、人間のどんな利害も、動物のすべての利害を乗り越えるものであるという主張まで引き受けることになるわけではない。そのため、ここでもまた動物に関わる搾取的な実践を事実上すべて廃止すべきだという解放論の主張と種差別主義は一貫しうる。[16]

では、どのような仕方で人間の利害を優先すると、動物解放論と本当に対立するのだろうか。それを明らかにするためには、「人間のもつ切り札となるような利害」という考えを詳細に分析する必要がある。まずザミールは、B・A・ブロディの見解に基づき、切り札となる利害という考えを二つの形式に区別する。[17] 第一のものは、カテゴリカルな形式である。つまり、人間のどんな利害も、その重要性と関わりなく、動物のいかなる利害をも乗り越えるというものである。第二の形式は、人間の利害のなかには動物の利害よりも重みを伴うものがあるという、より弱いものである。このとき、動物のもつ重要な利害は、人間のもつより小さな利害にたいして切り札となるはずである。次にザミールは、前者のカテゴリカルな形式に関して、質的な側面と量的な側面の二つを区別する。質的にカテゴリカルな立場は、動物の利害は、その質に関係なく、人間の利害によって乗り越えられると主張する。他方、量的にカテゴリカルな立場は、動物の利害は、その量に関係なく、人間の利害によって乗り越えられると主張する。この区別に関してザミールが提示する観点が特に重要である。それは、ある存在が切り札となるような利害をもつと言うときに、それが意味することとして、その存在の利害の促進を他の存在の利害よりも優先して助ける責務が私たちにあるという主張と、その存在を益するために他者に積極的に危害を与える資格が私たちにあるという主張とを区別する必要があるということである。たとえば自分の子どもの利害を促進する責務があるということは、そのために他の子どもに危害を与える資格があることを意味するものではまったくない。[18] 前者の意味で、人間の利害が動物の利害にたいして切り札となることを認める種差別主義者は、たとえば湖の上のボートの中で船酔いになってしまった犬の世話をするよりも、ボートにいる他の人のために歌を歌うことを優先するという仕方で、人間の利害の促進を優先するかもしれない。しかしそれでも、そうした立場は解放論と連続的でありうる。それは、動物のもつ主要な利害を促進する前に、ごく少数の人間の周辺的で不可欠ではないような利害を促進するべきだという考えと、動物に積極的に危害を与えてもよいという考えは異なるからである。前者の考えが種差別主義的だとしても、その考えを維持しつつ、動物に関わる搾取的な実践を廃止すべきだと主張することはできる。

では、後者の意味で、つまり、人間に利益を与えるために動物に積極的に害を加えてもよいという意味で、人間の利害が切り札となることをも認める種差別主義者はどうだろうか。ザミールはそのような種差別主義を次のように定義する。[19]

> 種差別主義（3）：人間以外の動物の利害と人間の利害が衝突するときには、人間以外の動物の利害を積極的にくじくことが正当化される。そしてそうすることが正当化されるのは、それが人間の利害だからである。

ザミールによれば、この種の種差別主義者でさえ、必ずしも反解放論者であるとは言えない。というのも、この定義では、衝突しているのがどのような利害であるかについて特定されていないからである。たとえば、ボートに乗っている人のために、その人が水面に落としてしまったハンカチを拾い上げると、ボートが揺れ、同じくボートに乗っている犬を驚かせてしまうという状況があったとしよう。このとき、人間の利害のために、動物にたいして些細な危害が与えられてしまうと悩む解放論者がいるだろうか。種差別主義（3）は、こうした状況において動物の利害を積極的にくじいてもよいとする立場かもしれない。この立場であれば、解放論と両立しうる。にもかかわらず、この種の種差別主義が反解放論的であるとみなされがちであるのは、人間と動物の利害が衝突する状況としてたいていの場合もち出されるのが、動物のもつ些細な利害をくじく状況ではなく、動物の命を奪うことにつながる救命ボート問題のような状況だからである。つまり、次のような指摘を反解放論者は行うのである。解放論者が救命ボートの状況において人間の命を優先し、動物にたいして命を奪うという仕方で積極的に害を与えてもよいと主張するのであれば、結局のところ、種差別主義を認めなければならず、解放論は維持できないはずだという指摘である。しかし、この状況は、人間と動物それぞれの生存に関わるような相当程度強い利害同士が衝突しているという点で、特殊な状況である。ザミールによれば、本当に反解放論的な種差別主義であるためには、人間の周辺的な利害と、動物のもつそれ相応の利害が衝突するようなときでさえ、人間の利害が動物の利害を乗り越えると主張している必要がある。それはたとえば、犬が溺れるのを見て楽しみたいという人間の欲求が、犬をボートから落として殺すことを正当化すると主張するような立場であり、これは救命ボート問題のような状況とは異なる。救命ボート問題のような状況においては、たとえ人間の利害を促進するということが、動物を積極的に殺すということを意味するとしても、それを認めながら、解放論者であり続けることができる。[20]

したがって、救命ボート問題のような状況において人間の命を優先する、次のような種差別主義もまた、解放論と対立するわけではない。[21]

種差別主義（４）：人間以外の存在のもつ生存に関する利害と、人間という動物のもつ生存に関する利害が衝突するときには、人間以外の存在のもつ生存に関する利害を積極的にくじくことが正当化される。そしてそれは、その利害が人間の利害であるがゆえに正当化される。

このとき、滑りやすい坂論法に基づいた次のような懸念が生じるかもしれない。つまり、生存に関する人間の利害が上位に来ることを認める人は、生存以外の重要な利害に関しても人間の利害によって動物の利害が積極的に乗り越えられることを認めるようになるはずである。そして、それを認めるなら、その人はさらに譲歩するよう迫られることになるのではないか。しかしザミールによれば、生存に関する人間の利害は生存に関する動物の利害への切り札となるとしても、生存に関する利害以外は何ものも切り札とならないという仕方で、一貫した線引きをすることは可能である。[22]

以上からザミールは、最終的に解放論と対立すると言える種差別主義を次のように定義する。[23]

種差別主義（5）：人間のもつ生存に関わらない利害が、それが重要なものであれ周辺的なものであれ、正当に、動物の主要な利害への切り札となる（これは、動物に積極的に損害を与えることが、たとえそのような特権が多数の動物に重大な仕方で影響を与えるとしても、正当化されるという意味で、である）。そして、そのような特権を与えることが正当化されるのは、それらの切り札となる利害が人間に属するものだからである。

解放論が反対する必要があるのは、極めて反直観的な主張をすることになるこの種の種差別主義だけである。

このようにザミールは、種差別主義的と言われるような態度を拒否することによって解放論を支持するのではなく、また、人間の利害の促進が優先されるという、これまで受けいれられてきた種差別主義的な直観に特段の支持を与えるわけでもない。ザミールが試みているのは、動物の利害よりも前に人間の利害を優先するという種差別主義的直観と、動物にたいして実際に不必要で深刻な苦痛や害が与えられておりそれは根絶されるべきだという直観のどちらをも取りいれた立場を提示することである。そのような立場をザミールは次のように定式化する。[24]

種差別主義（6）：人間の利害は動物の利害よりも重要である。それは、些細な人間の利害でさえそれを促進することは動物の利害を促進するよりも優先性をもつべきであるという意味においてである。生存に関する利害だけが、動物の生存に関する利害を積極的にくじくことを正当化する。

ザミールのこうした立場に基づけば、動物解放論にたいしてなされてきた次の批判は回避できる。つまり、解放論は動物の命よりも人間の命を守るという優先性を示すことができないため、強固な直観に反する主張をしなければならなくなるという批判や、ある場合には人間を優先してもよいとするのであれば、解放論の主張は疑わしいという批判である。そのうえで、もっとも典型的には、生存のためではなく単においしいからといった理由で動物を食べるために殺すような、動物をめぐる現在の実践にたいする改訂を迫ることができると言える。

2　「一段階の」思考

ここまでの議論からも分かるように、ザミールの立場は、動物が権利をもつという考えとは親和的でない。というのも、権利とは、他の者の利害によって打ち負かされるようなものではなく、決定的なものであるはずだからである。実際ザミールは、動物への搾取的な実践を改変するために、権利のような「道徳的地位（moral status）」に基づいて論じる必要はないと主張する。ザミールによれば、むしろ、動物の「道徳的地位」を構築しようとする議論は、問題を不必要に複雑なものにし、厄介な問題をもたらしうるものである。その代わりにザミールは、動物が負の経験をするという事実から直接、動物にたいしてしてはならない行為があるという主張を導くという「一段階の」思考（single-stage thinking）による議論を展開する。以下ではその議論を確認する。

動物倫理の議論の多くは、動物には道徳的な地位があるということを確立しようとしてきた。たとえばレーガンのように動物に権利を認める立場は、もし成功すれば強固な立場となる。誰かに権利があるという主張は、その権利が尊重されねばならないこと、そしてその尊重が、利害といった他の考慮事項によって覆ってはならないということを意味するからである。しかしそれゆえ、動物に権利があるという主張は、人間と犬とを同等に扱うのかといった、先に論じたような疑いや反発を招く可能性がある。

シンガーのような功利主義に基づく議論もまた、人間と等しい道徳的地位を動物に与えようとするものだと言える。シンガーの議論において、ある存在がどのような利害をどれほどもつのかということは、その利害の有無や大小に影響をもつような能力をその存在がどれほど有しているかということに左右される。したがって、その素直な帰結として、たとえば知的な障碍をもつ人間の利害が、チンパンジーなどの類人猿のもつ利害よりも低く見積もられるというようなことも導かれてしまうだろう。[25] ある場合には人間の道徳的地位を下げてしまうような、行き過ぎていると受けとられかねない主張が導かれる可能性があることによって、功利主義の議論は実際さまざまな批判にさらされてきた。

ザミールは、シンガーやレーガンによるこれらのアプローチを「二段階の（two-stage）」理論と呼ぶ。それは、第一段階として、動物のもつある特定の能力に訴えたり、動物を恣意的に排除することを拒否したりすることで動物のもつ道徳的地位を確立し、そののちに、第二段階として、動物がそのような地位をもつがゆえに動物にたいしてなされるふるまいには制限が加えられるべきだと主張するという形をとるからである。[26] ザミールによれば、そもそも動物への倫理的配慮を支持する議論が動物の「道徳的地位」について論じるようになったのは、道徳的な保護を動物にたいして拡大するべきではないと論じる人々が、動物が道徳的地位を欠いているということを根拠に、そう論じてきたからである。[27] 動物への配慮の必要性を支持する人々は、このような動きに対抗して、動物の道徳的地位を積極的に構示することができるはずである。[28]

築する議論を展開してきた。しかし、道徳的地位という概念に訴えずとも、私たちの直観やすでに共有されている信念を受けいれながら動物への搾取的な実践の改変を主張しうる、その意味でミニマルな、よりシンプルな枠組みを提示することができるはずである。[28]

ザミールは、道徳的な地位といったものを存在者がもつのではなく、自分たちになされるだろうことを道徳的に制限するような道徳的に重要な性質を存在者は有するのだと主張する。[29] そしてその性質としてザミールが挙げるのは、痛みや苦しみを経験したり害されたりするなど、負の経験をする能力である。[30] これらの性質に注目する点においてザミールは、道徳的に重要な性質に関する功利主義の立場やB・E・ローリンの立場を、直観的にもっともなものとして支持している。[31] 何が道徳的に重要な性質であるかについては、これまで、言語能力を有することや理性をもつこと、潜在的にでも契約に参与できることなど、他にいくつかの性質が候補として挙げられてきた。だが、ある行為によって、ある存在の言語能力に影響が与えられたり原初的な契約段階で当の存在が自分の利害を表現するのが妨げられたりすることが、道徳的な問題としてみなされるのはなぜだろうか。ザミールによれば、その行為が、その存在に苦しみを引き起こすということや、その存在にとって重要性をもつ問題であるということもまた想定していなければ、そうした行為が倫理的に問題だという主張は不可解になる。[32] その意味で、負の経験をする能力は、道徳的に重要な性質の解釈としてより根本的なものだと考えられる。

このようにザミールは、功利主義やロリンの見解と同様、負の経験に着目するのだが、それらの議論の形式とは異なる、一段階の議論を行う。二段階の議論では、負の経験をする能力をもつならば道徳的な地位をもち、それゆえその存在にたいしてなされるふるまいには道徳的な制限が加えられるべきだと主張することになる。それにたいし、一段階の思考からは、ある存在が負の経験をする能力という道徳的に重要な性質をもつということは、まさにその存在にたいしてなされるふるまいに道徳的な制限が加えられるべきだということだと主張することになる。ある存在が負の経験をするということが、その存在にたいしてなされる行為を道徳的評価の対象にするという理解と、多くの動物もまた人間と同様に負の経験をするという理解のどちらも直観的であり、反論が難しいような広く共有された信念である。道徳的地位という概念を用いないことによって、この一段階の思考は、動物にたいしてなされていることが道徳的な問題となりうるという主張を、反解放論者を含めた多くの人にとって無視できないものにすると考えられる。

またザミールは、負の経験をする能力を、道徳的に重要な性質として特定し、積極的に支持するような議論を展開するわけではない。さまざまに考えられてきた道徳的に重要な性質が、負の経験をする能力を前提しているということからは、負の経験をする能力のゆえに他の性質が道徳的に重要になるか、あるいは負の経験をする能力が他者との道徳的な関係を導くような核となる知覚において決定的な役割を果たすかのどちらかであるということが示唆される。だが、それに加えてその役割を特定することは必要なく、その役割が中心的なものであり、動物がその能力をもつことが明らかだという認識が成り立てば十分であるとザミールは述べる。[33] そしてそうした積極的な議論をする代わりにザミールは、消極的議論を展開する。つまり、負の経験をするような存在に苦痛を与えることは、人間に関しては道徳的な問題であると理解される。その理解を、動物を苦しめることに拡大するのを妨げるような、どのような道徳的理由があるというのかとザミールは問う。[34] 人間にとって苦痛を道徳的に重要なものにするようなものを何か動物が欠いているというのだろうか。それが特定できないのであれば、負の経験をする存在に苦痛を与えることは、対象が動物に拡張されてもなお、道徳的にすべきでないことになる。

動物がある性質を欠いており、そのゆえに、その被る害が道徳的に重要ではなくなると論じるタイプの議論としては、次のものがありうる。つまり、動物は端的に「道徳的地位」を欠いているのだから、人間との類似性に基づいて動物への扱いに道徳的制限を加えるべきだと論じるのは誤りであるという議論である。そうした議論においてこそ道徳的地位という概念は用いられてきたと言える。しかしそのような試みは成功しないとザミールは考える。というのも、たとえ動物に道徳的地位があるということを否定したとしても、たとえば虐待のような、動物にたいするある種の行為について、それを道徳的な関心に基づいて制限すべきだということは主張せざるをえないからである。新デカルト主義者――ここでは、人間でないという理由で動物の道徳的地位を認めないが、動物が痛みを感じるということを認める現代的なデカルト主義者のことを指す――は、動物が道徳的考慮に値するということを、それを支持する積極的な主張がなされるまでは否定するが、それでも動物にたいして明らかに残酷な行為を理由なくすることは制限されるべきだと考えるはずである。動物が道徳的地位をもたないなら、なぜ動物にたいするふるまいに虐待とみなされるべきものがあるのかを説明することが、そうした立場にとって課題になるとザミールは主張する。[35]

そうした説明の提案として、人間にたいする関心に訴えることで動物にたいする明らかに残酷な行為を禁じようとする立場がある。たとえば動物への残酷さはゆがんだ人間性を生み出すから禁じられるべきだという、カント的な理解がある。しかしもし動物にたいするふるまいと人間性との間にそのようなつながりがあるのだとすれば、明らかに残酷な行為だけに制限が加えられるのはなぜなのか。動物に苦痛を課すような、廃止することが可能な制度化された搾取的実践もまた、人間性をゆがめてしまうという可能性は否定できないはずであり、そのような実践に制限を加えるべきだと主張することが可能なはずである。[36]そのため、このタイプの反解放論もまたうまくはいかない。

動物は人間の目的のための手段であるという、神学的・目的論的見解を避けるようなカント主義――ザミールはこの立場を「新カント主義」と呼ぶ――は、人間に特徴的な思考の能力である推論する能力をもつ存在が道徳的地位をもつと考え、そのような能力をもたない動物は、害されうる存在だとしても不当に扱われうるような存在ではないと主張するだろう。[37] だがザミールによれば、このような仕方で動物を道徳的配慮の対象から外そうとする立場は、推論する能力をもたないような、障碍のある人々をも道徳的配慮の領域から除外することになってしまうという困難に直面する。こうした帰結を避けるために、新カント主義者は、種‐トークン図式に訴える。[38] この図式に従えば、人間は不当に扱われるような種の存在であるから、推論能力のない個々の（トークンの）人間も、人間という種に属することによって権利を保持することになる。[39] ザミールはこうした立場もまた、うまくいかないと論じる。

まず、種‐トークン図式に訴えることによって困難を回避することはできない。というのも、種‐トークン図式では、たとえば、推論能力をもたない人は偶然ふさわしい種に属していたから不当に扱われうるとされるのであって、その人が、幸せになったり深刻な痛みを経験したり利益が満たされなかったりする能力をもつような存在であるということはまったく考慮されていないことになる。そのような含意は結局、そうした障碍のある人やその家族、あるいは彼らに適切に応答しうる道徳哲学を発展させようとする人にとって、受けいれがたいものであるとザミールは論じる。[40]

次に、害されることと不当に扱われることの区別もうまくいかないと考えられる。私たちは動物にたいして加えられる害を最小限にするべきだという、「３Ｒ」に代表される共有された合意をもっている。[41] 動物に危害を加えることは不当な扱いではないため問題ではないという新カント主義の主張は、この合意と明らかに対立することになる。ザミールの考えでは、ある対象に危害を加える際に弁明が必要になるか否かは、その対象の種によって決まるわけではない。[42] また、カント主義者は、動物への残酷さは人間性をゆがめると考えるが、この考えの説得力は、動物が単に害されるだけではなく不当に扱われうるという考えに暗黙裡に訴えることによるものだとザミールは指摘する。[43]

ここまでザミールの議論を見てきたが、そこで論じられているように、害されうる存在者である動物に害を加えることを、動物が欠いている何らかの性質を示すことで正当化しようとする議論は、うまくいかないように思われる。反解放論者は、動物が「道徳的地位」をもつことを否定することはできない。ここで重要なのは、そのことが、動物の道徳的地位を構築しようとする解放論者の議論が成功するということを意味するわけではないということである。そうではなく解放論者は、一段階の思考によって単純に、ある種の行為は動物にたいしてなされるべきではないと主張することができる。こうした議論は、動物の「道徳的地位」に訴えずに、私たちがすでに強固な信念をもつこと、つまり、負の経験をする存在に害を与えることが道徳性に関わる問題であり、道徳的に避けられるべきことであるという確信と、動物は負の経験をする存在であるという認識をもっているということを指摘し、それに訴えることで動物に関わる実践を改変する必要性を論じる点で、シンプルであり説得力がある。そして害される存在を不必要に害するということが問題である以上、動物に危害を加えるどのような実践も、廃止や改変の対象となりうる。ザミールの議論は、人間を優先するという、私たちのなかにある強固な直観を受けいれながら、動物を配慮すべきだというすでに私たちがもっている確信や心情を、動物に関するさまざまな実践の是非を検討する際に適用するよう拡張する試みであると言える。

3　肉食をめぐる議論とザミールの議論の役割

以上のようなザミールの議論がもつ特徴は、次のようにまとめられるだろう。第一に、ザミールが用いるのは、私たちが道徳的に重要だと理解し、それに基づいて行為しているような何らかの性質と、そうした性質を動物がもつという理解だけである。実際に、すでに第３章でも述べたように、痛みを感じたり苦しんだりするような存在に痛みや苦しみを課すことを、道徳的な領域の問題とみなし、避けるべきこととするのは、どの規範倫理理論においても基本的な理解であり、また、特定の倫理理論に訴えずとも得られるような、私たちが倫理に関してもっている基本的な理解である。そしてまた、動物が痛みを感じたり苦しんだりするということも、それを否定する方が困難であるような理解である。これら二つが揃っていれば、さらに加えて何らかの倫理理論や道徳的地位といった別の概念をもち出して議論を困難にする必要などないという、最小主義的な主張がザミールの立場である。第二に、ザミールが展開するのは、消極的議論である。つまり、第一の特徴のなかで述べたような基本的な理解にたいし、それが正しいものだと積極的に論じることはしない。なぜなら、それはすでにさまざまな倫理的実践の基礎にあるような理解であり、その点で、それを疑う側に挙証責任をもたせることができるからである。否定する側に挙証責任をもたせることが妥当であるにもかかわらず、証明がそもそも困難であるような基礎的な理解を積極的に支持する議論に自ら踏みこむ必要はない。

この二つの特徴から言えることは、ザミールが最小限の、そして私たち自身がもっている理解だけを用いて、動物への配慮の議論を導いているということである。こうした方法で議論を展開することによって、動物への配慮を支持する人が証明をしなければならないという現在の理解から、むしろ動物自身の利益にならない仕方で苦痛を課すような実践が悪いものでありうるのは当然のことであって、それを否定したい側が自身の立場の正当化を試みなければならないのだという理解へと、私たちの理解の転換を図っていると言える。

では、動物をめぐる特定の実践にたいして、こうした議論はどのように展開されるのだろうか。以下では、食べるために動物を殺すということをめぐるザミールの議論を確認する。

ザミールは、ベジタリアンにもベジタリアンではない人々にも共有されている信念として、五つの信念を挙げる。[44]第一に、動物と単なる物の間には道徳的に重要な違いがあるという信念、第二に、動物は痛みを感じるという信念、第三に、動物の痛みが道徳的な重要性をもつという信念、第四に、そのような痛みが、人間のもつ非常に強い快にたいしてでさえ、切り札となるような場合があるという信念、そして第五に、痛みが伴うかによらず、動物を殺すことはその動物にとって害であり、そのような害を与えることにたいしては何らかの正当化が求められるという信念である。そして、これらの一貫性に訴えることで道徳的なベジタリアニズムを支持する。つまり、栄養上の代替物が利用可能なときには動物を食べるために殺すべきではないとする立場である。この立場は、食べるために殺害されたのではなく自然に死んだ動物を使用することには直接的に倫理的な意味での問題はないとする。また、使用と搾取とを区別し、使用には動物自身にとってよい形式がありうるため、卵や牛乳の使用それ自体には不正はないとする立場である[45]。

ザミールはここで、明らかなものとして想定されているものを検証しようとする哲学者の衝動が、道徳的な明確さの邪魔をしていると指摘する。哲学者は、ベジタリアンの主張を支えている信念を証明しようと試みたり、証明するよう要求したりする。それらの信念を証明しようとするその試みは重要なものではあるが、ベジタリアニズムの擁護者も反対者も問題となっている信念を共有している以上、そのような要求は、要点を外しているとザミールは主張する[46]。

それは、ひとつには、それら五つの共有されている基礎的な信念のどれを否定するとしても、別の強力な確信と衝突することになり、そのような確信を揺るがすだけの実質的な議論をしなければならなくなるからである[47]。たとえば、痛みが道徳的に重要なものであることを否定するならば、サディズムに与することになる。動物の痛みが人間のもつ非常に強い快にたいしてでも切り札となりうるということは、むやみに動物を踏みつけて歩くようなことについて、たとえそれがどんなに楽しいことだったとしても、私たち自身が虐待とみなし、許されないと考えていることからも示唆される。また、動物を殺すことが害であるということは、動物が死ぬのを見たいがために動物を手に入れては安楽死させるという実践を想像すれば、それを否定的にとらえる私たちの理解からも示唆される。それはまた、第3章で確認したようなさまざまな理由からも支持される。そして、人間の子どもを痛みなく殺すことがなぜ間違っているのかを考えると、その理由は少なくとも一部の動物にまで拡張される。つまり、ベジタリアニズムの擁護者がそれらの信念の正当化を求められるのではなく、それを否定しようとする側にこそ、共有された信念を揺るがせるほどの議論を提示する責任があるのだと言うことができる。

共有された信念の正しさを拒否しようとする立場だけでなく、それらの信念が証明されるまでは、それらの信念を受けいれることはできないとする立場もまた信念を証明することを求めるだろう。しかしザミールはむしろ、基礎的な前提は最終的に証明されるようなものではないということを示唆する[48]。たとえば、子どもへの暴力がなぜ間違っているのか、その判断の基礎にある前提を突きつめて問い続けていくと、最終的には証明できないところに行きつく。動物を苦しめ虐待する人にたいして感じる道徳的な反発は、基礎的であって派生的ではないようなものである。先の五つの信念はそうした信念であり、そうした種類の信念の間の一貫性に訴えることによって導かれる「道徳的なベジタリアニズム」の立場をとるということは、それらの信念が正当化されて初めて支持されることなのではなく、それらの信念が間違ったものであるという主張が正当化されて初めて、疑われうる立場となるはずなのである。以上のような議論からザミールは、哲学的な議論の役割は、基礎的な信念や前提を積極的に正当化することよりも、存在する制度の正当化の基盤を掘り崩すことや反駁すること、そして道徳的判断に関する内的な一貫性に訴えることにあると論じる[49]。

ここで挙げられたような信念は、私たちが自覚的にもっているものではないかもしれない。むしろポイントは、私たちがすでに自分のものとして行っている実践から、実は私たち自身がそのような信念をもっているのだということが分析されること、そして、その信念を否定しようとすると、倫理的に受けいれがたい別の帰結を受けいれなければならなくなるということが指摘されることである。それによって、こうした信念を自分自身がもつということを受けいれるように促されると言える。

もしかしたら、こうした信念がもっともなものだということを受けいれたうえで、なお、道徳的ベジタリアンになる必要はないと考える人もいるかもしれない。つまり、たとえば、人間が肉を食べることによって得られる快は、それによってしか得られないものであり、それを得るために動物を殺すということを正当化しうると考える立場や、自分が道徳的ベジタリアンになったとしても、動物をめぐる状況は変わらないと考える立場である。ザミールは、そうした立場についても取りあげ、以下のように論じている[50]。

まず前者についてザミールは、動物の肉を食べるということによって、実際に私たちが、味覚に関する喜びや、さまざまな社会的あるいは宗教的活動に関わることなど、多くの喜びを得るということを否定しない。そして、そうした喜びについて、人間にとってのその重要性を否定したり、道徳的な正しさをまっとうすることによって得られるものによって凌駕されるはずだと主張したりするような議論を展開するわけではない。肉を食べることによって得られる喜びはひとつの価値であり、それを失うことは、確かに大きな損失であるということを認めなければ、現実を適切にとらえていることにはならない。もちろん、人間に関して、他者を殺すことによって喜びを得ることは、それ自体、非道徳的なことだとされている。しかしザミールは、たとえば剣闘士の戦いを支持する当時の人々にたいして、現代の人々が、それは非道徳的だと主張したり人間には権利があると主張したりすることによっては、なぜその慣行から得られる喜びをその人たちが諦めなければならないか説得的に示すことはできないと指摘する。価値の対立をめぐる論争は、そうしたものにならざるをえない。つまり、食べる喜びのために動物を殺すことが間違っているのだということを証明によって主張することはできない。ただしそれは、そのために動物を殺すことが間違っていないということを証明するものでもない。ザミールによれば、動物を食べることをめぐる現在の状況は、圧倒的な強者が喜びのために何者かを殺し、それが道徳的な問題とはまったくみなされていなかったという、奴隷をめぐる扱いのような歴史的な状況と同じ構造をもつ。そしてこうした状況は、変化しないわけではない。現在の実践を変えるためにできることは、こうした連続性を適切に描きだすことだとザミールは指摘する。

次に後者、つまり、ベジタリアニズムは道徳的に望ましいかもしれないが、動物を食べることを個人的にやめたとしても、動物をめぐる状況は変わらないはずだとする考えにたいして、ザミールは、個人が肉を消費することを、不正を完成する行為として特徴づけている。まず、動物の死体のこのような利用は、人間の死体を利用することと類比的なのではない。人間の死体を物体であるかのように扱うことは、人間をおとしめることである。一方肉食の場合はそうではない。ザミールは、肉食と類比的なのは、殺害の様子を記録したスナッフ映画を見ることだと指摘する。そうした映画の犠牲者は、誰かが、彼らが死ぬのを見たいがために殺される。殺人の様子を、それを見たい人に提供するために撮影した映画を見ることは、その殺人行為の「完成」である。その映画を見た人は、その映画が撮られた目的である、「誰か」がその殺人を見るということの「誰か」の部分を埋めて、不正であるその構造を完成させるのだとザミールは論じる。これと同様に、動物の肉を消費するということは、誰かが食べるということを目的としてなされた動物を殺すという行為の、「誰か」の部分を埋めて、動物を殺すというその行為を完成させることである。

ザミールのこうした議論は、自身の行為をどのようなものとして理解するのが適切であるか、私たちは考えるべきだという指摘であるとも言えよう。もしかすると、上記のどちらの観点にたいしても、完全に明確な形でその倫理的な善悪を論じることは難しいのかもしれない。肉食について、こうした問題の存在を指摘し、証明が示されるまでは何もせずに現在の習慣を続けてよいのだ、と考えたくなる人もいるだろう。しかし、自身の行為についてよく考えてみれば、それは、奴隷制と同じ構造を肯定することでありうるし、自分一人がやめても何も変わらないという理由でさまざまな搾取からの恩恵を受けようとし続けることと同じでもありうる。おそらく私たちは日常的にも、たとえば違法アップロードされた動画などの作品を鑑賞することは、たとえそれ自体が違法だとは（まだ）されていなくても、何らかの非難に値するような後ろめたいことだと認識している。さらに肉食の問題は、ザミールがスナッフ映画と類比させているように、殺害を伴う行為の結果を享受することである点で、より深刻な問題である。自分自身の行為によって対象に何が生じるのかという観点はもちろん重要だが、それだけでは論じるのが難しい問題についてはとりわけ、自身の行為がどのような行為なのかという観点にも目を向けることが、問題を理解する助けになるのではないだろうか。

動物への配慮にたいするザミールのアプローチは、これまで主流であった動物倫理の議論と異なり、特定の規範倫理の理論に依拠したアプローチをとらない。そのことによって、第1章で指摘した懸念のいくつかを解消しうる立場だと言える。第一には、特定の理論に訴えないことで、功利主義と義務論の対立といった問題に巻き込まれず、動物のもつ倫理的配慮の必要性に関係する重要な特徴から目を逸らされてしまうことがない。むしろ、人々がすでに暗に前提としているような信念について、それを正当化するのではなく、それを自分自身がもっているのだと気づかせたうえで、それらの信念の一貫性に訴える。そうすることで、動物への配慮の必要性をより明らかなものとして人々に認識させ、その認識を自分のものとして引き受けさせるよう働くという特徴をもつ。第二に、ザミールの立場は、人間が動物よりも優先されうるという考えを拒否せず、それを認めたうえでも成り立つ動物倫理の議論を展開することで、動物倫理にたいしていだかれがちな反発や疑いを回避することができる。これに加えて、たとえば、優先的に助けることと積極的に害することを区別する議論などによって、動物への配慮を主張する際の障害になると思われた「人間中心主義」などの考えが、実際には問題含みのものではなかったことを明らかにする。それによって、何らかの信念が、動物への配慮の必要性という本来受けいれられているはずの理解を無効にしてしまうということを防ぐことができると考えられる。

以上で見てきたザミールの議論について、本書の議論における意味を簡単に確認しておこう。まず、動物はそれ自体として、素直に受けとれば、私たち人間の倫理的な配慮を導くような特徴をもっている。第3章で述べたように、そうした特徴には、従来強調されてきた痛みや苦しみといった感覚だけではなく、むしろより重要なものとして、喜びなどのポジティブな状態や人間との関係的な特徴が含まれる。そうした特徴を素直に理解することで、動物にたいする倫理的配慮は動機づけられ、正当化される。第4章で描いたように、重要なのはそうした特徴についての理解を受容することである。文学作品はそうした受容において、それ自体としての役割を担いうる。それにたいして、動物の道徳的地位を論証によって示そうとするような主流の議論は、そうした受容の側面に注目しない点で不十分であるか、場合によっては余計なものですらある。本章で検討したように、そうした論証に踏み込むことなく、すでに広く受けいれられている基礎的な信念を足がかりにすることで、動物の事実についての適切な理解に基づいて、動物保護の必要性を示すことは十分に可能なのである。

第3節　ザミールの議論にたいする懸念

このように、ザミールの議論は、動物への配慮を当然のものとして示すという試みを現実のものにするために有効なアプローチであるように思われる。しかし、こうしたアプローチにたいしても、いくつかの懸念はありうる。本章の残りでは、そうした懸念のいくつかを取りあげ、次章で、その懸念を解消するためにザミールのアプローチに付け加えうる観点を検討する。

第一に、第1章で指摘した論点である、動物が野生動物、家畜動物、ペット動物など、さまざまなあり方をしているということを、この立場からどのように扱うことになるかが明らかでない。ザミールの見解のもとでは、個々の動物がもつ利害が重視されるため、野生動物と家畜動物とペット動物といった違いについては、何がその存在にとって利害であるかについて違いがある場合にのみとらえられると考えられる。したがって、そうした違いがあることによって、何を考慮に入れるべきかに違いが生じるということは想定されているものの、それぞれを明確に区別した議論が展開されているわけではない。しかしながら、それぞれの動物のもつ利害に違いをもたらすような、それぞれの動物の本性における違いは、その利害が動物自身にとってもつ意味だけでなく、私たち人間にとってもつ意味にも違いをもたらすように思われる。つまり、次章で確認するように、たとえばペット動物のもつある種の利害については、人間が、そして場合によってはある特定の人間が、満たすべきものとして理解されるべきだと主張されうる。もちろんザミールの立場は、可能な限り理論的な負荷の少ない形で動物倫理の議論を構築しようとするものであるため、ザミールはこうした要素をあえて議論に取りこもうとしていないのかもしれない。しかし、私たちの実際の倫理的配慮のあり方を、それが倫理的に問題含みでない限り反映することは、ザミールの立場と両立することであり、おそらくはザミール自身も目指すところである。動物の本性における違いが私たちにとってもつ意味の違いという観点を考慮に入れることは、こうしたザミールの関心からも、また、現実の倫理的配慮のあり方を適切にとらえるためにも、重要性をもつと考えられる。

第二に、第3章で指摘した論点である、動物の内面的な豊かさを重視するという観点をザミールの議論は備えていないように思われる。動物のもつ倫理的重みとしてザミールが注目するのは、動物が負の経験をするということであり、その点は多くの動物倫理の議論と共通している。これもまたやはり、ザミールができる限り議論の前提として負わせるものを最小にしたままで、動物保護に結びつく実質的な主張を展開しようという立場にあるからだと言っていいだろう。こうした立場は一貫したものであり、ザミールの議論の利点でもあるが、そのことによって、私たちが動物を倫理的な観点から見る理解を制限してしまう側面もある。たとえば、ザミールは、動物を食べることについての議論において、動物を食べるために殺すことは倫理的な是非が問われる問題であるとするが、動物の肉を食べること自体は道徳の領域にある問題ではないと述べる。[51] つまり、自然に死んだ動物の肉を食べることや、それを目的として動物を飼育することは、その動物自身の利害には影響しないため、道徳的な是非が論じられることにはならない。これは、個々の動物自身がもつ利害のみに注目するならば、確かにもっともな道筋であると言えるだろう。さらに言えば、肉を食べることは許容されるという信念――維持できるようなものかは別にして、現状では多くの人がいだいてはいる信念――すら否定せずに、実質的にほとんどすべての肉食について倫理的に許されないという結論を導くことができることは強力である。

しかし他方で、動物倫理の議論を成功させるために、私たちが、動物がどのような存在であるかを理解する見方を変えなければならないのだとすれば、動物をその死後には食べるものとして見るという見方を許容していることが、果たして動物を倫理的な重みのある存在として適切に理解していることになるのかどうかについては、議論の余地があるだろう。

私たちはそもそも、ペット動物にたいして、かれらを食べるということは想定してない。[52] むしろ、ペット動物が死んだとき、その肉体を食べるものとして見るという見方は、私たちの多くにとってかなり異様なものだろう。それは、ここまでその重要性を論じてきた、内面的な豊かさに気づかされるということと関係しているように思われる。単に苦痛を感じるだけではなく、喜んだり何かを期待したり、はしゃいだりする存在にたいしては、たとえ死んでしまったとしても、自分の楽しみのために消費する食べ物として見ることが難しいということは、特別な論証を必要とするようなことではない。そして、まさにそうした理解こそ、ペット以外の動物にたいしても広げる可能性を検討するべきものなのではないだろうか。というのも、動物自身の利害を無視するということだけでなく、人間に利益や快楽をもたらすという目的のもとで理解するということが、これまで動物にたいしてなされてきたことであり、動物の扱い方に影響を与えてきた考え方だからである。そして、そうした思考が、本章第1節1項で指摘したように、動物への配慮を当然とすることを阻むもののひとつである。そうした目的に基づく理解の影響から離れ、豊かな内面をもつものとして動物を理解することが、動物にたいする倫理的な向きあい方としてふさわしいのだとすれば、動物の肉体を、単に肉として見る見方は、適切なものだとは言えないだろう。少なくとも、ペット動物にたいしてならばすでに有している、食べ物ではない存在としての理解を、他の動物にまで拡張する可能性を開くことが、動物倫理の議論には求められるはずである。

もちろん、ここで挙げた懸念は、ザミールの議論がもつ内在的な問題とは言えない。しかし、こうした懸念を解消するような観点を取りいれることは、ザミールの議論をより豊かな内容をもつものにするだけでなく、動物への配慮を当然のものにするということにとっての重要な課題でもある。次章では、ここで挙げた懸念にこたえるために、人間による動物理解という論点をより詳細に検討していく。

注

1　「最小主義的（minimalist）」という表現は、動物が人間と同等の存在だと主張することなく、肉を食べるべきでないといった強力な主張を導くザミールのアプローチをめぐって、Zamir 2007 の概要で用いられている（https://press.princeton.edu/books/hardcover/9780691133287/ethics-and-the-beast　アクセス二〇二四年四月一五日）。M・ローランズもまた、自身のアプローチはこの点でザミールの戦略と同じものだと述べている（Rowlands 2013, p.5）。

2　食糧生産の効率という観点は、Singer 2009, pp. 235-236〔邦訳書二九八―三〇〇頁〕で論じられている。

3　Singer 2009, p. 219〔邦訳書二八〇頁〕。

4　Singer 2009, p. 220〔邦訳書二八一頁〕。〔　〕は引用者。

5　Ryder 1983, p. 5.　初版は一九七五年に出版されている。

6　Regan 2004, pp. 285-286.

7　Regan 2004, p. 324.　伊勢田 2008、一一八―一一九頁も参照。

8　Regan 2004, pp. 307-309.

9　Regan 2004, pp. 309-310.　強調は原文。

10　Regan 2004, p. 324.

11　Zamir 2007, p. 5.

12　Zamir 2007, pp. 5-6.

13　このような仕方で自分の家族を優先することにたいする批判として、道徳的な理想としては科学者のほうを助けるべきであるという、ある種の功利主義的な主張がありうる。ザミールは、功利主義者でない論者だけでなく、現代的な功利主義者もこのような批判は拒否すると指摘する（Zamir 2007, pp. 6-7.）。というのも、現代的な功利主義では、家族の愛情のような個別的な愛着やそうした直観もまた、全体としての幸福の最大化のために考慮されるべき事柄だと認められるからである。そのように論じる論者としては、たとえばR・M・ヘア（Hare 1981, esp. pp. 135-140〔邦訳書二〇三―二〇九頁〕）を挙げることができる。

14　Zamir 2007, p. 6.

15　Zamir 2007, p. 7.

16　Zamir 2007, p. 8.

17　Zamir 2007, pp. 8–9. Brody 2001, esp. p. 137.
18　Zamir 2007, p. 9. M・バーンスタインは、ある行為をすれば二者のうち一者だけを助けられるが、何も行為しなければ二者に害が生じるケースと、二者のうち一方を助けることと引きかえに他方に積極的に害を加えることになるようなケースを区別し、親子関係や同じ種に属するという関係が正当化しうるのは前者だけだと論じる（Bernstein 1991, esp. p. 50, Bernstein 2004, p. 383）。
19　Zamir 2007, p. 10.
20　Zamir 2007, p. 10.
21　Zamir 2007, pp. 10–11.
22　Zamir 2007, p. 12.
23　Zamir 2007, p. 12.
24　Zamir 2007, p. 15.
25　シンガー自身の議論の力点は、知的な障碍をもつ人間にたいしても倫理的な配慮をするのだから、より大きな利害をもつような動物に倫理的な配慮をすべきなのは当然だというところに置かれている。しかし、利害について、それが誰の利害なのかによってではなく、どのような能力をもつ者の利害であり他者の利害とどのように関わるものであるのかによって、その重みづけが決まるとシンガーが主張しているのも確かである。
26　Zamir 2007, p. 16.
27　Zamir 2007, p. 17.
28　動物の倫理的配慮について論じることに道徳的地位の概念が不要だという方向性を共有する論者には、J・レイチェルズがいる（Rachels 2004）。久保田 2021 において、レイチェルズの議論の限界を指摘している。
29　Zamir 2007, p. 22.
30　Zamir 2007, pp. 20–23.
31　功利主義は、快苦を感じる能力をもつことに焦点を合わせ、ローリンは、当の存在にとって重要であるような物事をその存在がもつという、より広い性質に着目するという点で、両者の見解は異なる（Rollin 2006, esp. pp. 99–105）。
32　Zamir 2007, p. 21.

33 Zamir 2007, p. 23.
34 Zamir 2007, p. 24.
35 Zamir 2007, p. 24.
36 Zamir 2007, pp. 25–26.
37 Zamir 2007, pp. 26–27.
38 種‐トークン図式に訴える論者としてザミールが挙げるのは、C・コーエンである（Cohen 1986, esp. p. 866）。
39 Zamir 2007, p. 26.
40 Zamir 2007, pp. 27–28.
41 3R（triple-R）とは、W・ラッセルとR・バーチ（Russell and Burch 1959）が提唱した、動物実験にたいして課される国際的な原則である。三つのRは、“replacement”（動物を使う実験を、動物を使わないものに置き換える）、“reduction”（不要な実験を減らし、実験に使われる動物の数を減らす）、“refinement”（麻酔などによって動物の苦痛を減らす）の頭文字である。ザミールはこれら三つのRに、“rehabilitation”（実験後の動物をケアする）のRを加えた4R（quadruple-R）を支持する（Zamir 2007, p. 81）。
42 Zamir 2007, p. 28.
43 Zamir 2007, pp. 28–29.
44 Zamir 2007, p. 36.
45 Zamir 2007, pp. 48–50, 91–94.
46 Zamir 2007, p. 36.
47 Zamir 2007, pp. 38–40.
48 Zamir 2007, pp. 31, 40–42.
49 Zamir 2007, pp. 31–32. ザミール自身は、信念の受容にたいして文学が果たしうる役割と動物倫理との関係について明示的に論じてはいないが、信念に関するこうした考えは、第4章で論じた、文学作品をめぐるザミールの立場とも関連していると言えるだろう。
50 Zamir 2007, pp. 42–48.

51 Zamir 2007, pp. 48-50.

52 この点に関してC・ダイアモンドは、「同胞（fellow creature）」という概念に訴えることで、動物を食べ物とみなさないあり方の可能性を示している。ダイアモンドは、われわれ人間が人間を食べない理由は、人間を食用に殺したくないからでも、人間に苦痛を与えたくないからでもないとして、動物を食用に殺すべきではないということを、苦痛を感じる能力や人間との類似性に訴えて正当化しようとするシンガーらの試みを批判する。ダイアモンドは、同胞という、正義（justice）や慈愛（charity）、友情（friendship）、仲間付き合い（companionship）、思いやり（cordiality）、独立した生への尊重（respect for the animal's independent life）といった概念へと拡張していく考えを用いて動物を理解する。そして、動物を肉製品の生産過程の単なる一段階として扱うことは、動物を同胞として見る思考のあり方には存在しないとする（Diamond 2004）。

また、L・グルーエンは、ダイアモンドを引用しながら、動物が共感できる対象であり、それによって道徳的配慮に値する存在として理解することで、動物を単なる食べ物としては見ることができなくなると主張する（Gruen 2011, pp. 101-104〔邦訳書一〇八―一一一頁〕）。

第6章　人間と動物の関係

前章では、私たちがすでに倫理に関して受けいれているいくつかの基本的な信念の間の一貫性に訴えるという仕方で、楽しみとして食べるために動物を殺すといった、現在広く行われている実践にたいして実質的な改革を迫るザミールの議論を確認した。こうしたアプローチによって、ザミールの議論の帰結は、特定の規範倫理の立場をとる人でなくても、自分自身のもつ信念ゆえに受けいれるべきものとして示されることになる。しかし前章で指摘したように、ザミールの立場には、さまざまなあり方をした動物がおり、そうした動物のあり方の違いが、私たちにとって倫理的な意味をもちうるという観点や、動物を見る私たちの見方としてどのようなものが倫理的にふさわしいのかという観点は反映されていない。

この懸念にこたえるために、本章ではまず、ここまでに示してきた動物理解について、さらにより繊細な区別をすることで、そこからどのような主張が導かれうるかを検討する。これにより、第1章で提示した課題の第三のもの、つまり、動物が人間との関係においてもつようになった特徴に注目し、そうした関係をふまえて、人間が動物にどのような姿勢で向きあうべきかを検討するという課題に取り組むことになる。主に第3章では、動物のもつ倫理的な重みに関して、動物がその動物自身でもつ特徴に注目した。特に、動物が豊かな内面をもつ存在であるということは、これまでの動物倫理の議論のなかでそれほど注目されてこなかった側面だが、動物の死が倫理的な問題でありうるということに気づくためにも、動物への倫理的配慮の必要性を受けいれるためにも、重要な観点である。しかし、こうした側面に注目することで導かれる主張は、そのような側面をもつどんな動物にも当てはまるものである。その点で、ここまでの議論は、動物一般に当てはまるような面を論じたものであり、動物のさまざまなあり方を念頭に置いたものではない。

それにたいし、本章では、人間との関係によって生じる動物の性質の違いに注目する。具体的には、動物が、野生動物、家畜動物、ペット動物というように、さまざまなあり方をしているという点と、そうした違いをもたらした人間との関わりがどのようなものかという点を確認していく。そのうえで、そうした違いがどのような倫理的違いとして働きうるかを検討することを通して、倫理的な行為者である人間として、私たちが、そうした違いをもつ存在であるかれらにたいして、どう向きあうべきなのかを検討する。第2章で見たように、徳倫理とニーズ論に基づけば、動物への配慮について、ある能力をもつ存在にたいする人間の向きあい方という側面に注目した議論は展開しうる立場だろう。本書では、そのような理論的枠組みを応用するという形をとらずに、動物自身のもつ能力だけでなく、人間が動物をどのように理解し、そうした理解に基づいたうえでどのように動物と向きあうべきなのかという観点に注目する。そうすることで、私たちがもつ動物理解や倫理的信念をより細やかに反映した議論を展開することが可能であり、それによって動物への倫理的配慮の必要性をより説得的に示すことができると考える。

以上の議論に基づいて、さらに、野生動物、家畜動物、ペット動物という違いが、私たちにとってどのような意味をもつのかを論じる。そのうえで、この観点によって、ザミールの議論をどのようにとらえ直すことができるのかを検討する。それらの議論をふまえたうえで、最後に、本書で示してきたアプローチを、特にペット動物をめぐるいくつかの具体的なケースに適用し、このアプローチのもつ意義を明確化する。

第1節　野生動物、家畜動物、ペット動物

野生動物、家畜動物、ペット動物という区別は、産業動物や実験動物という区分けのように、単に人間による使用目的に応じて動物たちを分類したものとして理解されがちかもしれない。だが、この区別は、第1章4節ですでに簡単に確認したように、長い年月をかけて人間と関わっていく過程で生じた、動物自身の本性の変化が反映されたものとして理解することができる。ここでは、動物についてのこうした区別が、どのような倫理的な意味をもちうるかを検討していく。つまり本節では、動物がかれら自身でもつ性質に加えて、動物が人間との関係においてもつ特徴と、それが人間にたいしてもつ意味に注目する。

1　動物をどのような存在として理解するか

ここで特に関係するのは、第5章1節1項において指摘した、動物のもつ倫理的な重みにたいする理解を妨げ、それを打ち消してしまう要因の第一のものである。それは、たとえば、牛や豚といった動物にたいする「家畜動物」という理解に伴う次のような考えである。つまり、牛や豚といった動物は、そもそも食べるために飼育されているのだから、かれらを殺して食べるのは当然のことだ、というものである。そうした考えは、食べるためにかれらを殺すということ自体に疑問をいだくことを妨げるだろう。むしろ、動物を食べるために飼育するということは社会的に認められているにもかかわらず、突然、それは倫理的な不正であると指摘されることに、反発さえ覚えてしまうかもしれない。人間に関しては対照的に、たとえば、仮にある人間を臓器提供者とするために存在させたのだと主張されたか

らといって、私たちは、それをもって、その人間を臓器提供者とすることを倫理的に問題のないこととはみなさないし、みなしてはならないと考えるだろう。しかし、もし私たちが人間にたいして、そのように利用する対象としての理解を広くもっていたとしたら、人間にたいするそうした実践に関しても、何ら問題を感じず、むしろそれを倫理的な問題とみなすことのほうに疑問を感じるかもしれない。つまり、私たちは、人間にたいしては、そうした見方を許さないような理解をすでに得ているということによって、利用対象としての人間という見方を倫理的に問題とすること自体を受けいれる土台を、すでにもっていると思われる。

動物が現に複数の仕方で理解されているのだとすると、どのような存在として動物を理解するのかという、これまで本書で言及してきた観点は、動物とのどのような関わり方が倫理的に適切なものかを検討するために、念頭に置かなければならない重要なものになるはずである。楽しみのために動物を食べることを当然だと前提しながら、動物にたいする倫理的配慮を真面目に検討しようというのは無理がある。動物が現状においてどのような存在として理解されているのかを明確にしなければ、倫理的行為者である私たちにとって、動物がどのような存在として理解されるべきなのかは十分に検討できないだろう。

こうした観点は、これまで明示的に論じられてはこなかったと言える。[1] 功利主義の議論においては、動物が快苦を感じる存在であるということが示されさえすれば、動物は功利計算において考慮される対象になる。義務論においても、動物が尊重原理の対象となるような能力を備えているということは、かれらが道徳的な権利の主体であることをそのまま意味する。そのため、人間がかれらをどのように理解するかということは直接的には論じられない。その意味で、功利主義や義務論の議論は、第3章で検討したように、動物がかれら自身でもつ特徴のみを論じるものであると言える。それらの見解のもとでは、動物はただ「動物」――あるいは「有感生物」、または「生の主体」――なのであって、人間との関係においてかれらが家畜動物やペット動物であることが、倫理的扱いに差をもたらすような重要な特徴であるという理解は位置づけをもたない。

他方で、第2章で参照したハーストハウスによる徳倫理の議論においては、人間にとって動物がどのような意味をもつかということが注目される。なぜなら、徳倫理的な議論においては、動物にたいする私たちの行為が、徳の評価の対象となるかどうかが問題だからである。すでに確認したように、この評価には、動物がかれら自身でもつ特徴が関係するだけでなく、たとえば、その動物との間に飼い主とペットという関係を結んでいれば、その動物はその人間にとって責任を負うべき存在になる。そうした仕方で、人間にとってその動物がもつ意味もまた関係する。その意味では、徳倫理のような立場は、動物が人間にとってどのような存在であるのかという観点を備えていると言える。

とはいえ、ハーストハウスの議論には不十分な点があるように見える。もちろん、たとえば工場畜産のようなあり方や、工場畜産によってもたらされた肉を食べるということは、動物にたいする残酷な実践だと評価されるかもしれない。だが、牛や豚などの動物について、食べるために存在させられた動物として多くの人が理解している現状のなかでは、もしかすると、家畜動物を食べるということ自体を、それほどの悪徳を示す行為とみなす根拠があるかは、疑いが向けられうる。ハーストハウスの議論においては、家畜動物というあり方自体については論じられていないのである。私の考えでは、それぞれの動物をどのような存在として理解すべきかということは、その動物にたいするどのような行為が徳の問題になるのかを個々の状況に応じて検討するという、徳倫理にとって本質的な見方にとって、不可欠なはずである。

実際に私たちは動物にたいして複数の見方をもっているにもかかわらず、それらの動物理解を無視してしまっては、現実を反映し、現実の私たちのふるまいに影響を及ぼしうる議論を展開することはできない。以下では、野生動物を野生動物として理解すること、家畜動物を家畜動物として理解すること、そして、ペット動物をペット動物として理解することが、実際のところ、私たちにとって何を意味することになるのかを検討する。そして第3章で論じた、動物を豊かな内面をもつ存在として理解するということが、これらの理解とどう関わることになるのかを明確にする。

2　家畜化された動物の本性

家畜動物は、野生の状態から突然、家畜動物になったわけではない。もちろん、人間と暮らすことにより適した個体の選択が行われてきたことによって、現在の家畜動物がある。重要なのは、そうした交配の結果として、多くの家畜動物の本性には、そのもととなっている野生種とは異なる性質が生まれていることである。つまり、家畜動物は、人間の社会に適合するような穏やかな性質をもたせること、そして人間による利用にとって効率的な成長をさせることを目指して、長い年月をかけて交配されていったことにより、人間を必要とする存在になっている。実際、家畜動物の多くが、人間の手助けなしでは生存し続けることすら困難になっている。たとえば羊は、長い羊毛を生産するために、春から夏にかけての換毛がなくなり、毛がそのまま伸び続けるようになった[2]。そのため、人間によって毛を刈られないと、身動きが困難なほどに毛が伸びてしまう。牛や豚は、野生種の獰猛さを失っており、人間の保護なしに生き抜くことは難しい。また、人間の飼育下では可能な多産も、自然のなかでは、栄養面からも、出産の負担という面からも困難である可能性がある。

こうした変化は、ペット動物においてはさらに顕著である。第1章4節（および第1章の注30）においても触れたが、たとえば犬は、自力で生きていく能力を失いつつある。牙の長さや身体的能力といった特徴は、野生の狼からかなり変化している。ポメラニアンのように外見的特徴に重点を置いて品種改良されていった小型犬種はもちろん、大型の犬でさえ、野生の環境下で生きていくのは難しい。野良犬として人間社会のなかで生きていくことがかろうじて可能な程度と言える。これは、家畜化されている他の動物についても同様である。人間の庇護のもと、敵や寒さから身を守ったり狩りをしたりする必要がなくなった動物たちは、自然のなかで生きていくための能力を失い、その一方で人間と共に暮らす能力を身につけている。もちろん犬のような動物は、人間と共に暮らすことによって、吠えることや追いかけることといった本性の矯正を強いられることになる。しかし、一方で、犬はその矯正を受けいれる能力をも、その本性として有していると言える。[3] また、猫はその狩りをする能力から、ペットとして飼養されていなくても生きていけるとみなされがちである。しかし、東日本大震災の被災地で犬や猫の保護活動をしていたミグノンのスタッフは、住民が避難してしまった地域に犬や猫の捕獲に出向くたびに、猫が死んでしまっているのを見かけたという。[4] 猫もまた、人間社会のなかでないと、十分に生きることは難しいだろう。

家畜化された動物は、こうした身体的で外面的な点についてだけでなく、内面的な点についても人間と共に暮らすことを生存の条件とするような変化を遂げている。たとえば犬は、もっとも近縁の狼と比べて、人間とのコミュニケーション能力に優れていると考えられている。犬は狼と比べて、人間の視線による社会的シグナルを正確に読み取って理解し、行動することができるという結果を示す研究もある。[5] これは人に飼われた狼と比べても言えることであり、さらに、子犬同士だけで育った子犬でもこの能力を発揮する。そのため、このようなコミュニケーション能力の高さは、イヌ科に共通の能力でも個々の犬が成長過程で学習したものでもなく、犬の家畜化の過程において、より人間に馴れる個体が選ばれていくことに伴って進化してきたものだと考えられる。これは、ペット動物が人間と暮らしていくなかで、人間と暮らすための能力を獲得したという例だろう。第3章で取りあげた、犬にたいする動物心理学の実験もまた、ペット動物にとってどれほど人間との関係が強いものであるかを示していると言える。

また、ペット動物は多くの場合、明らかに人間を好いており、精神的にも人間を必要としている。犬や猫に特徴的なことではあるが、家畜化された動物は、人間からよほどひどい扱いを受けたのでない限り、人間との友好的な関係を築くことができ、さらに積極的に人間との関わりを求めることが多い。野良犬や野良猫でさえ、人間に保護され、飼育されるようになると、ひどい扱いをされた経験によって人間に恐怖心をもっていない限り、飼い主に懐き信頼を向けるようになる。[6]

こうした意味で、家畜動物やペット動物といった家畜化された動物は、人間と共に生きることがその十分な生の条件となっている存在であると言える。したがって、たとえば野生から連れてこられたイグアナやフェネックのような動物が、ときにペットとして販売され飼育されるとしても、それはあくまでも野生動物がペットにされているのであって、かれらはペット動物とは言いがたい。ペット動物や多くの家畜動物にとっては、人間との相互的な関係のなかで暮らし、人間による世話を受けるということがかれら自身の本性となっている。その点で、家畜化された動物は、野生動物と大きく異なっている。

3　人間の責務

家畜化された動物にもたらされたこのような変化は、もちろん、すでにさまざまな論者によって指摘されているように、動物自身にとって何が害で何が利益かということにも違いをもたらす。たとえば、ペット動物は人間との関係がより密接であるため、人間と共に暮らすことでより多くの利害をもつようになったと考えられる。[7] したがって、動物との適切な関わり方を導くためには、動物が野生動物であるからこそもつ利害や、家畜化された動物であるからこそもつ利害を考慮に入れる必要がある。とはいえ、こうした理解において問題となっているのは、動物がそれぞれにもつ利害の中身についてだけである。たとえば、A・コクランは、ペットも他の動物も、その動物自身にとっての利害をもつ有感生物であるということが重要なのであり、そうした利害こそが、どのようにかれらと関わるべきかを考える際のもっとも重要な考慮事項であると考える。[8] そのため、野生動物でも家畜化された動物でも、私たちがそうした動物にたいして何をすべきで何をすべきでないかは、それぞれがどのような利害をもつかを考えることで決定される。つまりコクランによれば、家畜化された動物は、ただ動物なのであり、そのために特別な倫理的枠組みを必要とするものではない。

しかし、前章ですでに指摘したように、そうした利害の違いは、かれらがもつ利害の内容の違いとして単にとらえられるだけでなく、私たちにとってそうした利害がもつ意味にも違いをもたらすと考えるべきだと思われる。つまり、単に利害の内容だけでなく、それがどのような動物のもつ利害なのかということも考慮される必要があるように見える。というのも、家畜化された動物のもつ利害は、人間にたいして依存的であるように人間によって本性を変えられてきた存在がもつものであり、人間との関係のもとで生きることがその生存や健康の条件になっているような存在の利害であるという点で、人間が満たすべき利害として理解できるからである。以下では、人間が満たすべき利害という考えの明確化を試みる。

第一に、こうした考えを、広い意味での連帯責任という考えに基づくものとして理解することもできるかもしれない。つまり、過去の人間が動物を依存的にしてきたのであるから、現代の人間は家畜化された現在の動物にたいする責任を負っているという考えである。こうした理解にたいしては、なぜ自分が何かをしたわけではないのに、自分が動物のために責任を負わなければならないのかと反発したくなるかもしれない。

しかし、そもそも、家畜化された動物の利害にたいする連帯責任という考えには、疑わしい前提があるように思われる。というのも、ここで問題となっている連帯責任という理解には、何か悪いことをもたらしたことにたいして責任をとらなければならないという想定が反映されており、だからこそ、自分が何か悪いことをしたわけではないのに、なぜ自分がそれを補償しなければならないのかという反発が生まれると思われるからである。こうした理解がここで適切なものだと言えないのは、家畜化された現在の動物が人間に依存的であるということが悪いことだという想定自体が疑わしいからである。

確かに、特にペット動物について、かれらが人間に依存的な存在であり、幸福な生を送ることができるかどうかが人間次第であるということを問題視し、そもそもペット動物のような存在は徐々に消えていくべきだと主張する論者もいる。たとえば、Ｇ・Ｌ・フランシオンは、動物の家畜化を動物の奴隷化とみなし、それ自体が道徳的に悪であると主張して、ペット動物をどのように飼育するべきかを問うのではなく、そもそもペット飼育そのものが問題だとする議論を展開している。フランシオンの主張によれば、ペットは人間の所有物として生殺与奪を人間に握られており、人間の気まぐれによって飼育放棄されたり、殺すために獣医に持ちこまれたりするのにたいして、そうした人間の決定は法によって守られている。[9] たとえ、一部のペットが家族の一員とみなされその固有の価値が認められているとしても、ペット飼育自体が、動物がもつ、物として見られないという権利を侵害するものである。さらに、たとえペット動物の法的な身分が変更されたとしても、ペットは、生における重要なことすべてに関して人間に依存的であり、人間に従順になるように交配された存在であって、人間との関係性は決して自然なものにはなりえない。[10] フランシオンによれば、自身も保護犬を大切に飼育しているように、現在すでに存在しているペット動物はケアされるべきであるが、この先もペット動物のような存在を生みだし続けることは、道徳的に正当化されることではない。

フランシオンの見解に従えば、ペット動物の存在が道徳的に問題であるのは、ペット動物が人間の自由にされてしまうことのもつ悪さと、ペット動物が依存的であって人間との関係が不自然なものであるということ自体の悪さによる。前者については、たとえばコクランは次のように応答している。[11] もちろん害を受けている家畜動物は数多くいるが、それは家畜化が動物にとって必然的に害だということを意味しない。また、フランシオンは家畜動物を奴隷的なものとみなしているが、人間の奴隷とペットとの間には重要な違いがある。つまり、奴隷は人間であり、人間がよく生きるために、一般には自律が重要な価値をもつ。奴隷状態というのはどれほどよい扱いであっても、自分の生にたいするコントロールを欠いた状態であり、自律が損なわれている。そのことによって私たちは、奴隷制における支配的なあり方に道徳的な問題を見いだすのである。一方ほとんどの動物は、自律にたいして利害をもたない。そのため、ペット動物にたいして人間が単に支配的であること自体は、ペット動物にとって必ずしも害ではない。動物にたいする奴隷化とみなされるのは、人間の些末な利害のために、殺害のような深刻な危害すら許容するようなあり方のことだろう。

フランシオンの主張の後者のもの、つまり、依存自体を問題視する部分にたいしては、なぜ依存という状態がそれほど悪いのかと問うことができるだろう。確かに虐待をするような飼い主への依存は悪いものだとしても、一般に依存自体に悪さがあると主張する根拠は明らかでない。[12] そもそも、人間に関しても、本当に完全に自律的な人間などいるだろうか。子どもは当然、依存的であるし、援助が必要であるような障碍のある人も、依存的であると表現することも可能だろう。そして、それ以外の人もまた、自分ひとりで生きていけるわけではなく、人生のさまざまな側面で他者に依存している。依存それ自体を悪い状態とみなすのは、自律的な人間像を範型とする、人間についての素朴に過ぎる考えを反映しているように思われる。また、フランシオンは、ペット動物と人間の関係の「不自然さ」も問題視している。しかし、ある状態で生きることで十分な福利の水準を満たしうる存在について、それが不自然であると示すことは困難なように思われる。さらに、依存についてと同様に、不自然であることがなぜ道徳的に悪いのかということも問題である。「依存」や「不自然」という言葉にたいして私たちがいだきがちなネガティブな印象の影響から離れて、本当にペット動物であるという状態が道徳的に悪いものであると言えるかは疑わしい。

このように考えるならば、動物の家畜化について、動物に何か悪いことをもたらしたとみなす必要はない。したがって、家畜化された動物のもつ利害にたいして、過去の人間がもたらした悪い結果を自分たちで補償しなければならない負債として理解するのは適切ではない。加えて、連帯責任という考えを用いる説明がそのように理解され、無用の反発を招くことは十分に予想できる。家畜動物やペット動物のような家畜化された動物に私たちが向きあうときに、私たちが見いだすべきものとして、これとは別の説明が必要であるように思われる。

家畜化された動物のもつ利害を人間にとって特別のものとする第二の理解もありうる。それは、自分が家畜化にたいして直接的には何も負っていないという主張自体を否定する考え方である。つまり、人間は、この社会で生きている限り、動物の家畜化ということから恩恵を受けており、それによって家畜化された動物にたいして責任を負っていると考えることができるかもしれない。たとえば、C・パーマーは、家畜化された動物は人間によって意図的に脆弱な存在に変えられた存在であって、人間には、その脆弱性をもたらした制度から利益を得ることによって、家畜化された動物にたいする特別な責任が生じると考える。[13] 現代の人ならばほとんどが家畜化という慣習から利益を得ているため、大部分の人が、すべての家畜化された動物にたいして責任を負っていることになるだろう。ただしその責任は、自分自身がその制度に何らかの仕方で参与しているということに基づいているため、家畜化された動物から利益を得ることを拒否すれば、責任は負わないことになるとパーマーは論じる。[14] 一方、野生動物に関してパーマーは、もしも私たちが野生動物に何らかの責務を負うとすれば、野生動物を脆弱にしてしまうような制度や習慣、計画から何らかの利益を得ることで、野生動物への危害に与してしまった人に限られると主張する。[15] そのときには、そのような影響を与えた人やそこから利益を得た人が、脆弱になったその個体にたいする責任を受けいれねばならないことになる。

また、特にペット動物に関して、H・ボックが同様の議論を展開している。ボックは、ペット動物が生存に関しても社会的なつながりに関しても飼い主に依存しているということ、そしてペット飼育という意図的な選択をしているということによって、飼い主が特別な責任を負うと述べる。[16] ペット動物は十分な生を送ることに関して飼い主に依存している。ボックによれば、そのような存在であるペット動物の飼育を選ぶということは、その依存から生じるニーズに対応する責任を引き受けることである。そのため、飼い主は、ある程度大きな犠牲を払うことになったとしても、ペットにたいし、適切な食べ物や居場所だけでなく、運動や医療、ケアや愛情といった基本的なニーズを満たし、適切なしつけを行う責務を負うとボックは主張する。

こうした立場は、意図的な選択によって成立した関係に由来する責任という考えに基づいている。[17] その意味で、これらの立場は、家畜化された動物の利害のもつ意味について、自分自身がそこに参与しないということを選択すれば、原理的には逃れうるような責任と結びつくものとして理解していると言える。

しかし、人は常に自分の意図する範囲内で、家畜化された動物と出会うわけではない。以下では、家畜化された動物の利害が私たちにとってもつ意味について、第三の理解を提示したい。そのためにまず、第3章3節で提示した状況に似た、次のような状況を想定したい。あなたの家の庭に突然一匹の子猫が現れたとしよう。この子猫は飢えて、外の寒さで震えている。この子猫を保護して飼うことは不可能ではないが、もし保護したら、まだ手のかかる子猫であるから、自分の時間を大きく取られることになる。さらには、ワクチン接種や不妊去勢手術などで費用もかかるだろう。何か病気にかかっている可能性もある。しかしその子猫は、あなたが何かをしないと死んでしまうという点で、非常に深刻な仕方であなたの助けを必要としている。子猫はおびえて警戒しているが、あなたに甚大な危害を及ぼす危険はない。そしてあなたはこれらのことを知っている。このような状況では、もちろんあなたはまだその子猫を飼うという選択をしてはいないし、その子猫を自分が意図的に生まれさせたわけでもない。このとき、もしあなたが猫にたいする家畜化という制度からの恩恵を受けることを拒否しているのだとしたら、責任というアプローチからすると、この子猫を助ける理由はないことになるだろう。しかし、ここで注目したい特徴は、この子猫が、生存に関わる非常に深刻なニーズをもち、さらにそのニーズが、本質的に人間にたいして訴えられているものだと理解できる点である。もちろん、これはこの子猫が自覚的に人間に助けを求めているという意味ではない。そのニーズは、家畜化された動物のもつものであるということによって、はじめから人間に向けたものとして理解される。すでに述べたように、家畜化された動物は、人間によって世話をされることが生存の条件となっている生を送っており、その意味で、人間の世話を受けてはじめて、十分な生を生きることができる。もちろん、この子猫は、まだ誰のペットでもないが、猫という生き物であるというだけで、現に特定の人に飼育されているかどうかに関わらず、家畜化されたペット動物として理解されるべきである。そのような存在のもつニーズが、人間にたいして、それに応答すべき追加的な理由を与えると考えることはもっともであると思われる。[18]

ペット動物や家畜動物という家畜化された動物にたいするこうした特別な見方が可能であるためには、確かに、家畜化された動物が人間によって家畜化されたのだという認識が必要ではある。しかし、その家畜化の事実は、私たちにたいして、動物にたいする人間の負債を明らかにするという仕方で責任を負わせるわけではない。そうではなく、人間が家畜化をもたらしたということは、誰がその動物に責任を負うのかということよりも、その動物にとって人間がどのような意味をもつのかに関わる。そしてその動物にとって、人間は、その当の動物自身が自覚していようとしていまいと、本質的に不可欠な存在である。そしてそのことによって、人間にとってかれらの存在がもつ意味も変わる。その動物の生の成立そのものに本質的に人間が関わっているということは、倫理的な行為者である人間にとって、その生にとって重要であるようなニーズが自分に向けられているということを意味する。この点で、家畜化された動物にたいしては、野生動物とは異なる見方がなされるべきである。もちろん、野生動物についても家畜化された動物についても、パーマーやボックの指摘するような状況においては、両者の主張する意味での責任という理解が適用されるべきだろう。しかしそれに加えてさらに、現在の私たちの意図的な関与とは独立に、家畜化された動物は、家畜化された動物であるだけで、そのニーズや利害に応答すべき倫理的な責務を私たちに生じさせるものをもつ。その意味で、この責務は、人間にとって逃れることのできないものであると言える。

それでは、野生動物と家畜動物、ペット動物という違いによって、私たちにとって動物はどのような意味をもつことになるだろうか。そしてそれは、豊かな内面をもつ存在としての動物という理解とどのように関わるのだろうか。

4　「～としての」動物

ここまで、野生動物と家畜動物、ペット動物という区別について見てきた。ここではまず、それらが私たちの動物理解にとってどのような意味をもつのかを明らかにしたい。すでに見てきたように、人間にとって、家畜化された動物のもつニーズや利害は、特別なものとして理解されるはずである。第１章４節でも指摘したように、野生動物は、人間との関係を前提とした生を送っているわけではない。野生動物がかれらの生を十分に生きるという状況のなかに、人間が登場する必要はない。他方で、家畜化された動物が十分な生を送るには、その生の状況のなかに、人間が登場せざるをえない。このことによって、かれらにたいして人間がとるべき向きあい方も変わる。野生動物にたいしては、かれらが自分たちで生きることを尊重すべきだと考える理由が私たちにはある。かれらにたいして、人間に道徳的に求められることは、かれらについて、死が道徳的に問題になるような豊かな内面をもつ存在だと理解し、かれらの棲む環境を破壊せず、かれらに危害を加えないことだろう。その意味で、かれらにたいして人間に求められることは、消極的なものだと考える理由がある。他方で、家畜動物やペット動物にたいしては、それだけではなく、かれらの生にとって人間との関わりが本質的に重要なのであって、かれらの利害やニーズが人間に向けられたものであり、私たちがそれを満たすべきであるということを理解する必要がある。そしてペット動物は、家畜動物よりもさらに密接な関係を人間と結んできたことにより、生存のためだけでなく、安心や満足といった精神的な面でも人間をより強く必要としている。ペット動物の多くが、人間とのふれあいを求めており、同じ種類の動物同士での関係とは別の関係を人間との間に築いている。

そうだとするならば、私たちは、動物を単純に一括りにして理解するだけでなく、野生動物を「野生動物として」、家畜動物を「家畜動物として」、ペット動物を「ペット動物として」理解する必要があるということになるだろう。もし、傷ついた野生動物を発見したとしたら、もちろん、動物が傷ついているのだから、その野生動物を助けるべきかもしれない。他方で、安易に助けようとしてはいけないかもしれないという考慮もそこでは働くべきだろう。少なくとも、その野生動物を助けることにたいする倫理的な要請は、それほど明白なものではない。しかし、先に取りあげた例のように、ペット動物である猫が捨て猫として庭に現れたという状況は、人間の援助のもとで十分な生を生きるべき存在が、その援助を受けていない状態として理解しなければならない。したがって、その猫のために自分ができる援助の道を探ることが倫理的に求められると考えるのが適切だろう。

もしかしたら、こうした立場にたいしては、人間がパターナリスティックに動物を支配しようとしていると感じる人もいるかもしれない。しかしこれを、人間と動物の支配・被支配という枠組みでとらえる必要はない。私たちが幼い子どもを見かけたら、それが幼い子どもであるというだけで、その子どもが安全な状態にいるかどうかが気にかかってしまう。それと同様に、私たちにニーズを向ける動物にたいしても、ただ単に倫理的な主体である人間として、人間の助けを必要としている可能性に気を配っているのである。このときに私たちがもっている態度を、支配的なものととらえる必要はない。

あるいは、家畜を家畜動物として理解するということにたいして、最終的には人間が食べるという目的のもとで殺されるといった、家畜としての扱いを肯定することなのかと疑念を感じる人もいるかもしれない。つまり、そうした理解について、本章の初めに指摘したような、動物への配慮の必要性を打ち消してしまうような動物理解だと思われるかもしれない。しかし、ここまでの議論でも示してきたように、ある動物を、ここで言う仕方で家畜動物として理解するとしても、もう一方では、その家畜動物を「動物として」理解することが必要である。「動物として」の理解は、痛みを感じる動物については痛みを感じる存在として理解し、豊かな内面をもつと言える動物については、その死が倫理的な問題となり、積極的な関与をなすこともまた意味をもちうる存在として理解するということであり、それは、動物にたいする基礎的な態度である。このとき、野生動物としての理解、家畜動物としての理解、ペット動物としての理解は、それらにたいして基礎的である「動物としての」理解を打ち消す仕方で働くと考えることはできない。そうではなく、その理解にさらに加えて適切な配慮をなすための理解である。そのため、対象を動物として理解したときになすべきでないことは、その対象を家畜動物として理解してもなお、依然としてなすべきでないことである。前章で参照したザミールの挙げる五つの信念は、動物を動物として理解するということによって導かれるもっとも基本的な主張を導くものとして理解できる。そして、動物と人間との関係と、その関係から生じる人間の責務を適切に把握し、より適切な配慮を導くためには、そこにとどまるのではなく、そうした基本的な理解に反しない限りにおいて、動物を「野生動物として」、「家畜動物として」、「ペット動物として」理解する必要がある。それによって、かれらにたいして、倫理的な行為者としての私たちがどのように向きあうべきであるかを考え、積極的な関与をも含むような、より適切な配慮のあり方を導く必要があると言える。

対象にたいするこうした理解の仕方は、人間にたいする理解と類比的に考えると分かりやすいかもしれない。私たちは、すべての人間にたいし、ただ人間として理解し、どのように向きあうべきかを考えるわけではない。子どもにたいしては、「子どもとして」理解しなければ、何が適切な配慮であるかに思い至ることができない場合がある。そしてそのとき、子どもを子どもとして理解することは、その子どもを「人間として」理解することを打ち消してしまうわけではない。その子どもを適切に子どもとして理解し、向きあう際には、その子どもが人間としてもつ重みにたいする理解を土台としたうえで、子どもであることによって必要とされる配慮が考えられている。こうした付加的な理解は、人間を「奴隷として」理解するという仕方とはまったく異なる。人間を奴隷として理解する際には、人間が人間として理解されたときに把握される倫理的な重みは打ち消され、ただ何らかの目的のもとでその人間を見るという見方がとられている。これと同じことがまさに、動物を「食べるための存在である家畜動物として」理解するという仕方にもある。ある動物を、最終的には食べるために殺してしまうものとして理解するということは、もともとの土台となっている、動物としての理解とは両立しない。

つまり、家畜動物を家畜動物として理解するということには二通りの仕方があるということである。ひとつは、家畜動物を人間の目的のもとでのみとらえる理解であり、それは、特にその目的のうちにかれらを殺すことが含まれるような場合、かれらを動物として理解する見方と両立しない。もうひとつは、家畜動物を、その生が十分なものであるために本質的に人間の援助が必要な存在ととらえる理解であり、それは、動物としての理解にたいして付加的に働く理解である。人間を奴隷として理解することと、子どもとして理解することを対比してとらえれば、前者のもつ倫理的な不適切さが明らかになるだろう。動物について、こうした付加的な理解の観点を導入することは、むしろ、ちょうど第5章1節と本章の初めに指摘した、当然のものとしての動物への配慮を打ち消してしまうような動物理解にたいして、それが単なる習慣に基づくものであり、そもそも倫理的な見方として不適切なものであるということを自覚させる働きをもちうる。

では、こうした理解と、第3章で論じてきた、豊かな内面をもつ存在としての動物という理解は、どのように関わるのだろうか。まず、豊かな内面をもつ存在という理解は、さまざまな動物をまずは動物として理解する際に働く。そしてもっとも基本的には、第3章においても指摘したように、動物をそのような存在として理解することは、動物の死を倫理的な問題として理解することにつながる。したがって、動物についてのこうした理解は、たとえば、動物を食べるために殺すという実践にたいして、直接に、それが倫理的な問題であるということを私たちが受けいれるための土台を形成しうる。つまり、ひとつには、ザミールの述べる五つの信念から導かれるような意味で、動物を動物として理解することによって導かれる規範を補強する形で働く。

さらに、それだけでなく、動物を、豊かな内面をもつ存在として理解することは、動物を「食べるためのものとして」理解するということに対抗する仕方でも働く。それは、動物を殺して食べる場合はもちろん、殺すことを伴わない場合にも同様である。前章において指摘したように、ザミールは、動物を食べること自体は道徳的な問題とせず、自然死した個体を食べるために動物を飼育することについて道徳的な是非は問わないという立場をとる。しかし、ペット動物に関して顕著であったように、私たちは、その内面的な豊かさを直接的に知るペット動物にたいして、「食べるためのものとして」見るという理解をもたない。そのようにペット動物を見る場合には、むしろ、ペット動物としては見ていないと判断される。それはおそらく、私たちがペット動物との間に築いている関係が、利用を前提とした関係ではなく、人間との間に築かれうる倫理的関係と似た関係を含むものであることによるものだろう。そうであるならば、ペット動物にたいするそうした理解は、動物にたいする倫理的に誠実な理解の範型となるものであるはずである。そしてそのように動物を理解するならば、私たちは、死んでしまった動物の肉体を、豊かな内面をもっていた存在が死んでしまったものとして理解することになる。そうである以上、私たちはその理解を、単なる食べ物としての理解と同時に健全な仕方でいだき続けることができるだろうか。動物を食べるために殺すということだけでなく、食べるためのものとして理解するということ自体が、その姿勢の倫理的な適切さを疑われるべきであると思われる。[19]動物を、喜びや期待や愛着といった豊かな内面をもつ存在として理解することは、二重に、動物を「食べるためのものとして」理解するようなあり方を抑制する仕方で働くと言える。

ここまでの議論が正しいならば、私たちは、もっとも基本的には、多くの動物にたいして、「豊かな内面をもつ存在として」理解するということを含んだ意味で、動物として理解する必要がある。これは、動物が、かれら自身でもつ特徴であり、多くの動物が共通してもつ特徴である。そしてそのうえで、そうした理解を打ち消してしまわない仕方でもちうる、「野生動物としての」理解、「家畜動物としての」理解、「ペット動物としての」理解を動物にたいしてもつことで、そうした違いをもつ動物それぞれにたいする人間の責務と適切な配慮のあり方を導かなければならないと言えるだろう。

動物への配慮を当然のものにするために、本書で探究してきた動物理解がどのようなものであるかをまとめるならば、次のようになるだろう。多くの動物は、単に痛みを感じたり苦しんだりするだけでなく、喜んだり何かを期待したり、思わず体が弾んでしまうような楽しみを感じたり、誰かに愛着をもったりするといった内面的な豊かさをもつ。動物をこうした存在として理解することによって、その動物のもつ倫理的な重みが際立つだけでなく、痛みや苦しみに注目しただけでは十分に把握されない、死によって動物自身が被る危害をとらえることができる。また、そうした存在として理解するからこそ意味をもつような積極的な関わり方もありうる。動物にたいするこうした理解は、典型的には、ペット動物との長期的で密接な関係のなかで形成されていくものだと考えられる。そして、そのようにして得られた基本的な理解は、動物にたいする理解の土台として、ペット動物以外の動物への倫理的配慮の契機になりうる。

豊かな内面をもつ存在として動物を理解することや、その理解を他の動物に拡張することを妨げる主な要因を挙げるとすれば、それは、私たちがもつ動物との関わりの不足と、「食べるためのもの」といった人間の目的のもとで動物を理解してしまうような見方である。前者を解消しうるものは、動物との関わりを十分にもつ人々の知識を参照することや、文学作品に描かれる動物の内面や動物と関わる経験を、真剣に受けいれうるものとして読むことである。後者の要因を解消するためには、家畜動物をそのように特定の目的のもとで理解することが、豊かな内面をもつ存在としての動物理解を打ち消してしまうと示したうえで、それが人間を奴隷としてとらえることと連続的でありうるという理解に導く必要がある。とはいえ、以上の議論は、すべての動物を同じような存在として理解すべきだということを意味するわけではない。家畜化された動物は、その生の成立自体に人間が本質的に関わっている存在である。そのため、かれらのもつ利害やニーズは、本質的に人間に向けられている。家畜化された動物をそのように理解することで、かれらが十分な生を生きるために、人間が積極的にその利害やニーズに配慮すべきだと考える理由があるということが明確化されるだろう。

もちろん、たとえば都市部にいるカラスやスズメといったある種の鳥類など、家畜化された動物と野生動物との間には、どちらに分類されるかが曖昧であるような動物もいるかもしれない。しかし、グレーゾーンに位置する存在がいることは、どちらに分類されるかが明らかであるような存在にたいする適切な配慮への責務を無効にするものではないはずである。

第２節　多層的な動物理解

本章の議論は、動物への配慮の内容と、動物と向かいあう際の姿勢が、対象となる動物に応じて異なることを許すものである。もちろん、野生動物も家畜動物もペット動物も、動物として、かれら自身でもつような特徴を共有している。私たちはもっとも基本的には、かれらを動物として理解し、その理解にふさわしい倫理的な関わり方をすることが必要である。そうした関わり方としては、たとえばその動物の利益にならない場合には苦痛を与えたり殺したりしてはならない、といったことが含まれるだろう。それに加えて、私たちは人間として、家畜動物やペット動物といった特定の種類の動物にたいして、十分な生を送れるように積極的な関わり方をすることが必要な場合がある。それは、その対象が、長い年月をかけて人間との関係を築いていくなかで、その本性が本質的に人間と共に生きることを前提としたものになっているためである。その意味で、家畜動物やペット動物については、野生動物とは違った仕方で理解することが倫理的にふさわしいあり方だと考えられる。

本章では、動物がかれら自身としてもつ特徴と、動物が人間との関係においてもつ特徴との間の関係に注目してきた。それらの関係は、前者がなければ後者が成立しないという仕方で、前者が基底となっている。ある動物を動物として配慮することを前提していなければ、その動物を家畜動物として配慮するということは意味をなさなくなるだろう。しかしながら、家畜動物として配慮されるときには動物としての配慮も成り立つというように、それらの配慮は常にうまく調和するのだろうか。あるいは、ある動物への配慮が別の動物への配慮と衝突することもあるのではないだろうか。それらについて、本章で提示してきた多層的なとらえ方に基づいて、どのようなことが言えるのだろうか。そうした懸念を生じさせる状況として、まず、ある動物について、人間との関係によってもつ特徴に基づいて導かれうる行為が、その動物を動物として理解したときに導かれる指針と対立するという状況が考えられる。たとえば、人間と共に暮らすことがその本質であるようなペット動物が、人間と共に暮らしていないとき、そのペット動物にたいしてどうするべきだろうか。その動物が生き続けることは、その「ペット動物としての」あり方として好ましくないということになるだろうか。

このときに考えるべきなのは、肉食をめぐる前節の議論でも述べたように、その行為が、動物を動物として理解した場合に導かれる指針と矛盾してしまわないかどうかである。たとえば、人間のもとで暮らしていないペット動物を、ペット動物のあり方として好ましくないとして殺すようなことは認められないだろう。その行為は、そのペットとしての理解を成り立たせていたはずの、豊かな内面をもつ存在としての理解という基底的な動物理解を打ち消してしまうからである。そうだとすれば、その行為は、そもそもなすべき理由がないだけでなく、それをなすべきでないと考える理由があるだろう。

ではもしも、ある野生動物と家畜動物の間で、どちらかを助けるためにどちらか一方を害さなければならない状況が生じる場合には、どう判断すればよいのだろうか。その場合、どちらの動物も、かれらがかれら自身としてもつ

「動物としての」特徴によって理解された場合には等しい存在ということになり、どちらかを優先する理由はないことになる。しかし他方で、動物が人間との関係によってもつ特徴を考えると、家畜動物は、人間がかれらを助けるために積極的に行為することが求められるような存在である。そのため、もし本当にどちらかを害することが必要であるならば、野生動物を害し、家畜動物を救うということが許容されうると考える余地がある。動物が人間との関係においてもつ特徴は、こうした仕方で、私たちに追加的な理由を与えると考えられる。

気をつけなければならないのは、この議論が、家畜動物にたいして些末な利益を与えたり、些末な害を避けたりするために、野生動物を積極的に害することが許されると主張するものではないということである。ここで挙げた衝突は、野生動物のものでも家畜動物のものでも同じ重みをもつ、動物としての基底的な特徴に関して生じている。そしてこの状況では、それらの重みが均衡している。そうした状況において、追加的な理由として、動物が人間との関係においてもつ特徴に訴える余地が出てくるのである。たとえば家畜動物を怯えさせることは、もちろんかれらの豊かな内面的なあり方ゆえに避けるべき理由があるとは言えるだろう。そうだとしてもそれは、家畜動物が人間の保護のもとで生きる存在だからということによって、かれらを怯えさせるような野生動物を殺すことが許容されるということではまったくない。

以上のように本章では、動物にたいする多層的な理解を導入した。これをふまえて前章のザミールの議論を見ると、ザミールの議論がどのような考えを前提としたものであったのかということが明らかになると考えられる。以下では、ザミールの種差別主義的解放論をめぐる議論を、本章の議論で得られた観点からとらえ直したい。

第5章2節1項で見たように、ザミールは、種差別主義的解放論をめぐる議論のなかで、積極的に害することと益することとの区別、および、切り札となる利害という概念に訴えることで、動物解放論と本当の意味で対立する見解を特定している。その議論によれば、解放論と真に対立するのは、次のような立場である。つまり、たとえ多数の動物に重大な損害を積極的に与えることになったとしても、生存に関わらないような人間の利害が、動物の主要な利害にたいする切り札になるということが正当化されるのであり、それはその利害が人間のものだからだ、というものである。この立場が解放論と対立するのは、この立場が、たとえ人間の生存のための利害でなくとも、人間のもつ利害のために、動物を積極的に害することを許すからである。

救命ボート問題をめぐる議論からも分かるように、ここで特に重要なのは、誰かに積極的に危害を加えることと、誰かを優先的に助けることとの区別である。誰かを優先的に助けることは、その際にその誰か以外の者に積極的に危害を加える仕方で何かをするのでない限り、ザミールによれば、道徳に反する行為をすることにはならない[20]。そしてもし、動物に積極的な危害を加えることが許されるとしたら、それは、人間と動物の生存に関する利害同士が対立しているときである。種差別主義的解放論の立場は、人間を優先的に助けるということを認めるが、生存に関する利害の対立の場面を除き、それによって動物にたいして積極的に危害を加えることを許すわけではない。この立場から導かれることは、むしろ、それほど人間を優先することを認めたとしても、現在の動物にたいする扱いは道徳的に許されないということであり、実質的な変革が必要だということである。

ザミールのこの議論は説得的であるように思われるが、一方で、ザミールが人間を優先する際に、それが何によって優先され、それがどの程度まで許されるのかということについて、統一的な説明がなされているわけではない。この点について、動物がかれら自身でもつ特徴と、人間との関係においてもつ特徴との間に成り立つ関係という、本節で整理した観点をふまえることで、ザミールの議論を見通すことができるように思われる。つまり、人間と動物は、苦痛を感じたり喜びや期待を感じたりといった特徴を少なくとも一部は共有している。他方で、私たちは他の人間にたいして、動物にたいしては負っていないようなさまざまな責務をもっており、さまざまな配慮をする必要がある。これは、人間が互いに助け合い、安定した社会を形成するということが、人間が人間らしく生きることの中核をなしているからだと言えるかもしれない。この状況を、家畜化された動物と野生動物との間の区別と並行的にとらえると、次のようになるだろう。ザミールの議論は、実のところ、人間と動物が共有している特徴から導かれる指針と矛盾しない限りにおいて、人間を優先することができるという議論になっている。つまり、動物に積極的に危害を加えることは、人間と動物が共有する基底的な特徴に基づいた理解を打ち消してしまうような行為として、その不適切さが説明される。人間が人間との関係においてもつ特徴が私たちに理由を与え、人間を助けるために動物を害することが許容されるのは、生存に関する利害の衝突という、人間と動物が共有する特徴に関して生じる衝突の場合だけである。つまり、そのような場面でのみ、人間を「人間として」理解して特別視するということが許容されうるのである。

このように、ザミールによる種差別主義的解放論の議論は、本章の議論を通して得られた、動物が動物としてもつ特徴と、動物が人間との関係においてもつ特徴との間の区別によって説明できる図式を、人間と動物との間に前提していると考えることができる。

ザミールは、人間の優先を認める議論によって、動物の扱いにたいする改革の必要性をより説得的に示そうとしている。つまり、維持可能な信念はできるだけ維持したままにすることで、改革の求めにたいする抵抗を減らすというのがザミールの戦略である。[21] ザミールは、人間と動物との区別を主に論じており、動物間の区別について論じてはいない。だが、本章で行ったように、家畜化された動物と野生動物とを区別する議論を、ザミールの議論と同じような戦略的な利点を備えるものとして理解することもできるだろう。つまり、野生動物と家畜化された動物を、同じような存在として理解すべきだという主張は、おそらく、多くの人にとって受けいれがたいものである。人々がペット動物との間に築くべきとされている関係を、野生動物との間に築くことはできないし、野生動物との間にも築けるような関係を、ペット動物との関係の理想とするのも不適切だろう。それが多くの人がもつ普通の理解であり、適切な理解でもあるように思われる。ペット動物にたいして配慮の気持ちをもちながら他の動物にはその気持ちを向けていないような人々にたいし、ペットへの偏愛だと批判するよりも、ペット動物に向けるその姿勢を維持したままでも主張できる、さまざまな動物への配慮の指針を示すことのほうが、達成されるものは大きいだろう。

第3節　現実の状況における判断

以上のアプローチからは、動物をめぐる現実の問題はどのように論じられることになるのだろうか。ここまでにも、肉食をめぐるさまざまな立場を取りあげてきた。功利主義の議論に基づけば、動物を殺して食べるという実践は、快苦を感じる能力をもつ動物の苦しみを考慮に入れた功利計算の結果として、世界の幸福の総量を減らすことになるのであれば、不正であるということになる。義務論の議論に基づけば、少なくとも一歳以上の正常な哺乳動物は、その固有の価値を尊重される権利をもつという理由から、そうした動物を食べるべきでないと主張される。また、徳倫理の議論に基づけば、工場畜産という、動物にたいする残虐な扱いを含む実践に与することになるという理由で、肉食はすべきでないと主張される。既存の倫理理論からの導出というこうした論じ方にたいし、ザミールの議論は、私たちがすでにもっている、倫理や動物についての基本的な信念の存在を指摘し、それらの間の一貫性に訴えることで、道徳的なベジタリアンという立場を支持するものである。本書のアプローチは、こうしたザミールの方針に基本的に沿うものであるが、動物をどのような存在として理解するかという観点を導入している。それによって、動物を「食べるものとして」理解するという人間のあり方は倫理的な問題を含むものであり、たとえ動物を殺すということを伴わなくとも、動物を食べるという実践自体を避けるべき理由があるということを指摘した。

では、ここまでの議論のなかでもしばしば触れてきた、ペット動物をめぐるさまざまな問題について、本書のアプローチからどのような議論を提示することができるだろうか。以下では、ペット動物の殺処分をめぐって生じるいくつかの状況について検討し、さらに、ペット動物と同様、人間に終生飼養されるが、本来は野生動物である動物園の動物をめぐる状況について検討していく。

1　ペット動物の売買

ここまで、ペット動物をめぐって生じている問題として、ペット動物の殺処分に言及してきた。第4章1節では、ペット動物の殺処分をもたらす要因として、第一に、ペットショップなどで行われている生体販売について、そして第二に、ペット動物の遺棄について取りあげた。

ここではまず、ペットショップなどで行われる動物の売買についてどのように考えるべきかを検討したい。ここまで何度か述べてきたように、日本において、ペットショップなどで犬や猫が商品として売られている一方で、飼い主のいない数多くの犬や猫が殺処分されているという現状がある。ペットショップなどにおける動物の売買がもたらす弊害は、ペット動物が置かれている現状を変えなければならないと考える人々によるさまざまな著作で取りあげられている。[22] ペットショップなどで行われる生体販売は、店頭にならぶペット動物が生みだされるとき、ペット動物が店頭に置かれているとき、ペット動物が売れなかったとき、そしてペット動物が売られた後という、さまざまな段階で生じうる問題と関わっている。つまり、なるべく多く人気品種の個体を「生産」するために、母体が多大な負担を受けることになる。また、なるべく幼くかわいいうちに売りに出すために、早くに母親と引き離された幼い個体が、仲間とも隔絶された状態でショーウィンドウに閉じ込められる。[23]また、成長し過ぎたり病気になったりして売れなくなった個体を維持するには費用がかかるため、そうした個体が処分される。[24]そして、とにかく売るということが目的となり、ペット飼育に伴う責任やさまざまなリスクに関する十分な説明を買い手にすることなく、安易な購入を助長することで、購入後の購入者による遺棄を増加させてしまいうる。[25]これらの問題が、すべての業者においてではないとはいえ、ペットショップなどにおける生体販売には伴いうる。これらの問題には、経営の維持や利益を得ることがペット動物を扱う業者の第一の目的となっていること、そのために、利益を得るための「商品として」ペット動物が扱われるようになっているということが強く影響していると言えるだろう。

こうした状況にたいし、ここまで検討してきたさまざまな立場からは、どのような主張が導かれることになるだろうか。功利主義に基づけば、こうした生体販売の仕組みのなかで生じる動物の快苦と、それに伴う人間の利害が考慮されることになる。しかし、生体販売をとりまく状況には、それがもたらす帰結の見積もりが困難であるという面がある。たとえば、工場畜産による家畜動物の飼育と出荷によって、動物に多大な苦痛がもたらされているということは明らかである。さらに、そうして育てられた家畜動物は必ず殺される。そのため、工場畜産によって動物の快が増大する可能性はほとんど考えられない。他方、ペット動物の生体販売の場合、先に挙げた流通のさまざまな段階のどの段階においてどれほどの苦痛が生じているのかが表に出にくかったり、どのような影響が生じることになるかという判断が難しかったりするという困難がある。[26]さらにそれだけでなく、そのようにして生産され、販売されたペット動物が、適切に飼養されることで、十分な長さの生を幸福に生きることもありうる。そのため、生体販売という仕組み自体について、功利主義の立場からどのような行為指針が導かれうるかを判断するのは難しいように見える。もし何かはっきりとした指針が主張されうるとすれば、おそらく、母体に多大な負担を与えるような高い頻度で妊娠を強いることや、適切な治療をほどこさないことが禁止されるべきということになるだろう。あるいは子どもを産む能力のピークを過ぎた母体を遺棄してしまうような悪質なブリーダーや、劣悪な環境でペット動物を管理し、売れなければ処分してしまうようなペットショップにたいして、そうした扱いが禁止されるだろう。

では、義務論からはどのような議論が可能だろうか。フランシオンのような厳格な権利論者によれば、すでに第6章1節3項で確認したように、ペット動物という、誰かに所有をされてしまうような依存的な存在を誕生させ続けること自体が倫理的に許容されないことになる。そのため、そもそもペット動物を生みだすような実践そのものが、ペット動物を生みだしてはならないという理由によって、禁止されるべきだということになる。一方、レーガンのような立場に基づくと、動物が実際にどのような危害を受けているのかが問題になる。ただし、レーガンの議論では、尊重原理の対象となることが明確にされている存在は、一歳以上の正常な哺乳類である。したがって、ペット動物の生体販売において生じている問題のうちの多くの部分を占める、ペットショップの店頭に置かれている子犬や子猫などにたいする扱いについて、どのように考えるべきかは明らかでない。ペット動物を、その「かわいさ」によって売ろうとするペットショップでは、たとえば子犬は、生後二か月程度で、かわいい盛りを過ぎてしまうとみなされることがある。[27]そのため、ペットショップにいる犬や猫は、幼い個体が大部分であり、そのうえ、一歳になるよりもずっと前に、商品としての価値はないと切り捨てられてしまうことも十分にありうる。レーガンの立場から主張されるのは、母体を適切に管理するべきであり、購入した個体を適切に飼養するべきだということにとどまると考えられる。

ハーストハウスによる徳倫理の議論に基づけば、生体販売をめぐる人間の行為を、どのような徳の言葉で評価すべきかが問われることになる。もちろん、上述のような業者による扱いは、「悪質」で、「残酷」であり、してはならないということになるだろう。そして、ペット動物を購入した人は、そうした動物への責任をもつのだから、無責任な遺棄をせず、適切に飼養しなければならないということになるだろう。

ここまでで見た功利主義、義務論、徳倫理の立場の帰結において、主に目を向けられているのは、ペット動物がどのような状態にあるかということである。ここで問題となっているのは、母体が適切に飼養されているか、売られる個体が十分に成長してから売りに出され、ペットショップなどで適切に管理されているか、売られたペット動物が購入先で適切に飼養されているかである。つまり、生体販売によって実際に個々の動物にたいしてもたらされうる危害が倫理的な問題とされている。そのため、こうした問題にたいして何をなすべきかを考えるならば、先に挙げたような弊害が生じない生体販売の仕組みを作るべきだとするか、あるいは悪質な業者と関わりのあるところからはペット動物を購入するべきではないという結論が導かれることになるだろう。

しかし、生体販売という形態に含まれる問題は、ここまでに挙げてきた弊害としてはとらえきれていないように思われる。つまり、動物を「商品として」売り買いすること自体に倫理的な問題はないのだろうか。ペットショップなどで行われる生体販売にたいして、私たちが倫理的な問題を見いだすとすれば、そのときに考慮されているのは、そうした形態に伴ってペット動物が実際に被る苦痛や危害だけではないように思われる。ハーストハウスのような徳倫理の議論においては、そうした側面に注目する余地があるかもしれない。つまり、ペット動物が、生体販売という形態のなかでどのように理解されているのかということ、そしてそれが適切な理解であるのかということを論じる観点として、動物を金銭によって購入することそのものを、何らかの悪徳を示す行為と考えることもできるかもしれない。ただし、現在の日本のように、ペットショップで犬や猫が売られているのが当たり前になっている状況のなかでは、ペットショップでの動物購入が悪徳だとみなされるかは明らかでない。もちろん、悪質な動物取扱業者の実践に与する行為として、ちょうど肉食を否定する際の議論と同様に論じることはできるかもしれない。すなわち、状況を細かく検討したうえで、残酷さを避け、思いやり深くあるために、動物をペットショップから購入すべきでないと論じられるかもしれない。また、そうした慣行に与する行為を避けるべきだと主張できるかもしれない。しかし他方で、ペットショップの店頭に置かれたペット動物を購入することは、その個体を助けることなのかもしれない。もしその個体が売れ残ってしまったら、場合によっては処分されてしまうかもしれないと考えると、ペットショップなどで積極的に動物を購入しても、悪徳とはされないと考えることもできるだろう。

本書のアプローチは、以上の諸立場において主張されうる観点をふまえつつも、特定の倫理理論に依拠するのではない仕方で、次のような論点を示すことになる。つまり、その動物をどのような存在と理解するのが適切であるかという観点から、ペット動物が「商品として」理解されている現状自体にたいして、それがふさわしいものであるかを問わなければならない。そこで考慮されるのは、ペット動物の置かれた環境が、現にその動物を苦しめることになっているかという観点だけではない。それに加えて、ペット動物を「動物として」理解し、そして「ペット動物として」理解することによって導かれる指針に反しないかという観点も考慮することになる。以下では、そうした観点について詳しく見ていく。

まず、動物を販売するとき、動物は「人間の利益を生みだす商品として」理解されがちである。これは、動物を動物として理解することと対立するはずである。まず、動物を動物として理解するということは、その動物を、痛みや苦しみを感じる存在としてとらえることである。そして、その痛みや苦しみが、私たちの行為を規制するような重みをもち、その死が道徳的な問題となり、その存在への積極的な関与の必要性さえも意味をなすような、豊かな内面をもつ存在として理解することである。他方で、ある存在を「人間の利益を生みだす商品として」理解するということは、その存在を、自分の利益のための手段としてのみ理解することである。動物をそのように理解することは、先に挙げた数々の弊害のように、ペット動物を動物として理解し、ペット動物として理解することによってなすべきだとされることに反するような実践を、実際に伴いがちである。しかしそれだけでなく、動物を商品としてのみ理解する見方には、先に挙げたような、倫理的に適切な意味で動物を動物として見る理解が含まれていない。動物を商品として見るその見方は、店で売られる野菜や日用品にたいして向けられる見方と変わりがないだろう。つまり、動物にたいするそうした理解は、動物を動物として理解するという理解を土台としてはいない。

次に指摘したいのは、金銭を支払って動物を購入する側の理解に伴う問題である。そのとき、動物はどのように理解されているだろうか。大型ショッピングセンターのショーウィンドウのなかで、子猫が猫じゃらしで遊んでいるのをある人が見かけ、その子猫が欲しくなったという場面を想像してみてほしい。さらにその人が、道路の脇に捨てられ、目ヤニで目がふさがった汚い猫を直前に見かけていたとして、その捨て猫を家に連れ帰ろうとしなかったとしたらどうだろうか。金銭を支払うことによってペットショップでペット動物を手に入れるのは、動物の見かけにひかれたためかもしれないし、血統書付きの品種という付加価値を目的としているのかもしれない。生後二か月を過ぎてかわいい盛りを過ぎた犬は売れなくなるというような考えは、まさに、おもちゃのようなかわいさがなければお金を払ってまで犬を手に入れようとはしないという考えや、そのかわいさにたいして金銭を支払うという考えを示しているように見える。このときに人間が動物にたいして向けている見方は、そもそも動物を動物として見る見方ではなく、鑑賞の対象や一種のステイタスなど、自分の求めるものを得るための手段として見る見方だろう。

もちろん、動物をかわいいと感じることや、そのかわいさに魅せられることそれ自体が悪いことであるわけではない。しかし、ペットショップのような環境においては、そのかわいさは表面的な部分に限定された仕方で提示され、さらに、人間の側だけの欲求によって容易に手に入るものとされている。つまり、ペットショップなどにおいて、動物は一方的に、買い手の求める価値だけに基づいて選択されるのが当然の存在とされている。これは、ちょうど家畜動物が、食べるために存在する動物として理解されるのと同じ構造をもつと言えるだろう。もちろん、動物を食べるための存在として理解する場合ほど、「動物」理解として明らかに破壊的というわけではないものの、動物を、ただ人間の欲求のために資する存在として理解するとき、かれらにたいする、豊かな内面をもつ存在としての理解は損なわれている。動物を「商品として」あるいは「金銭によって手に入れるものとして」理解することは、動物を動物として理解することとは相容れないはずである。

以上の主張は、ペット飼育そのものが倫理的に許容されないという、フランシオンのような立場とも異なる。ペット動物は、人間と共に暮らし、人間によって世話をされることがその本性となっており、幸福で十分な生を生きることができるかどうかが人間にかかっているような存在である。そうした動物であるペット動物は、人間によって飼養されるべき存在である。したがって、本書の主張は、単に、ペット動物の流通過程に含まれるさまざまな実践に与すべきでないということにはとどまらない。それだけではなく、ペット動物のような存在にたいしては、「商品として」扱うのとは別の仕方で、人間のもとで暮らすことが可能になるような仕組みを整える必要があると主張することになる。

そうした仕組みを実現するために、実際、ペットショップの実態を問題だと考える人々によって、次のような取り組みが生まれている。たとえば、動物愛護センターなどから猫を引き取り、そうした猫と、飼育を希望する人とが出会える場所として保護猫カフェというスペースを設け、里親希望者に保護猫を譲渡する仕組みを作るという試みがある[28]。また、ペットショップにおいて、生体販売をやめて保護犬の譲渡活動を行い、生体販売をやめることで減少する売り上げを、ペット関連グッズの販売によって補おうとする試みもある。[29] さらに、絵本作家であるどいかやは、ペットショップで動物を購入することをめぐる問題に関する啓発と、譲渡の推進を目的として、複製・配布可能な冊子をインターネットで公開している。[30] こうした取り組みを支えているのは、第一には、ペット動物の殺処分を減らさなければならないという考えだろう。つまり、ペット動物を大量に生みだしながら、その一方で大量に殺処分するという循環を断ち切ることが、そうした活動のひとつの目的になっている。そしてそれだけでなく、動物は金銭によって取り引きされるべき存在ではないという考えもまた、そうした変化を支えている。[31] 動物について、何かを恐れたり、不安を感じたり、他方で、喜びで弾んだり、何かを期待したり、人間を信頼して人間に愛着をもったりするような存在であるという理解をもったときには、そうした存在を売買の対象として理解することは、ちょうど幼い子どもを売買の対象として理解するような、問題のある理解だということにも気づくはずである。

もちろん、里親への譲渡においても、金銭のやりとりが生じる場合はあるだろう。しかしそれは、たとえばワクチン接種の費用など、保護された犬や猫をそこまで育てるために必要になった費用として理解されるものである。これにたいして、ペットショップなどにおいては、まさにそのペット動物がもつかわいさや品種という付加価値にたいして主に金銭が支払われている。また、譲渡会などにおいても、確かに、ペット動物は里親希望者によって選択される。しかし、同時に、里親もまた選択される。里親になることを希望する人がみな、里親になれるわけではない。動物を飼育する人として不適格だと判断されれば、里親になることができない場合もある。そして、保護団体でも、動物を飼育することに伴う責任とリスクが里親希望者に十分理解されるように努めることができる。[32] 動物とその飼い主候補との間のこうした関係には、動物が動物としてもつ重みが反映されている。他方で、ペットショップなどにおける生体販売のように、動物の見た目や血統を価値として前面に押しだす形態は、動物を人間の欲求によって一方的に扱っても構わない存在として理解する見方を強く反映していると言える。

もちろん、ペットショップから購入され、それによって幸せになったペット動物もいるだろう。犬や猫がどのような存在であるかということを、かれらと暮らすことで初めて理解し、動物をめぐる問題に関心をもち始める人もいるかもしれない。しかしそれらは、ペットショップでの生体販売それ自体によって提示されるような考えではない。そうした変化は、人間がペット動物にたいしてもつ理解が向けかわったということであり、その変化は、生体販売ではなく、その人に飼育されたペット動物自身や、その飼育を通して飼い主が知ることになった人々や著作によってもたらされたのである。

ペット動物が現にどう扱われているかを問題の中心として位置づける功利主義や義務論の立場は、動物をどのように理解し、動物にたいしてどのような姿勢で向きあうべきなのかを論じる視点を備えてはいない。もしかしたら、功利主義に基づいて、ペットショップなどにおける生体販売という形態と、ここで挙げたような取り組みによる譲渡という形態とが比較考量され、後者の方がよりよいという結論が導かれるかもしれない。さらに、この結論をもって、ペット動物を商品として理解すべきでないということをも主張しうるかもしれない。しかし、それはあくまでも、派生的にだけ可能になる議論であって、功利主義に基づいてこうした変化自体を支える動物理解を導くことは難しいだろう。また、第3章でも論じたように、功利主義の立場からは、殺処分される動物の死そのものの悪さを説明することもまた難しいように見える。

もしかすると、動物にたいするこうした理解を、倫理的な規範とするのは行き過ぎだと考える人もいるかもしれない。つまり、たとえば功利主義の論じるような、実際に動物が被る危害こそが、倫理学の議論において中心的に論じられるべきものだと考えることもできるだろう。しかし、たとえば人種差別や障碍のある人への差別の解消が本当の意味で成功したと言えるためには、単に、そうした差別を受けている人が実質的な害を被らなくなればいいわけではない。そうではなく、そうした差別を受けていた人がどのように理解されていたのかを明らかにすることで、そうした理解そのものがどれほど倫理的に問題のあるものだったのかということが広く共有されることが必要なはずである。動物についても同じことが言える。動物に関して、そうした観点からも論じる議論には、十分な意味があると言えるだろう。

2　野良猫問題

では、ペット動物の殺処分の要因の第二のものとして第4章1節で挙げた、ペット動物の遺棄についてはどうだろうか。特に猫に関しては、かつて飼育されていた猫が遺棄されたり、屋外飼育をされている猫が子猫を産み、その子猫が保健所等に持ち込まれたりするという流れがあり、それが猫が殺処分される要因のひとつになっている。まずは、そのようにして遺棄された猫をめぐって生じている問題について考えることから始めたい。

野良猫をめぐってしばしば問題になるのは、野良猫への餌やりである。つまり、猫を好きな人が、野良猫を放っておくことができずに餌をやりながら、しかし自分の家のなかで飼育したり、餌や排泄物の後始末をしたりまではしないことによって、猫がその地域に集まり、さらにその地域で次々に繁殖してしまうという事態が生じる。そしてそのことによって、猫の食べ残しが放置されたり猫が近隣の家の庭などで排泄やマーキングをしたりすることで生じる、臭いなどの問題が表面化する。そして猫をそれほど好まない地域の人々がその被害を訴え、猫の駆除を行政に求めたり、猫に餌をやる人に怒りが向けられたりするという状況が、各地で生じている。[33]

ここでは何が問題となっているのだろうか。こうした状況のなかで地域住民の間にトラブルが生じるのは、実のところ、住民相互のコミュニケーション不足が大きな要因となっていることが多いようである。つまり、迷惑を被る人がいるのに無責任に餌をやる人がいるという状態が怒りを招いているのであって、野良猫を殺処分することを求める人も、野良猫が死ぬこと自体を望んでいるわけではない場合がある。[34] そうした場合は、話し合いの場を設け、猫を助けたい人々が、無責任な餌やりをするのではなく、餌や排泄物の後始末をすること、猫を増やさないための方策をとることをルールとして徹底し、そうした取り組みがなされていることを、野良猫を処分するよう求める住民に説明することによって、対立は緩和するかもしれない。

こうした状況とは別の仕方で問題なのは、猫がどのような存在であるかに関する知識が、関係する人々の間で共有されていないことである。まず、猫について誤解されやすい事柄としてしばしば問題になるのが、野良猫について言われる「野生化」した猫といった言い方である。すでに述べたように、猫（イエネコ）は長い歴史のなかで人間によって家畜化されており、[35] 人間の手を離れて生活をしているとしても、野生の動物なのではない。現に野良猫として生きている猫も、もともとは人間に飼われていた遺棄された猫であり、人間の手を離れて繁殖しているとしても、たかだか数世代である。また、当たり前のことであるが、猫は動物であるから、食べ物を食べ、排泄をし、鳴き声をたてる。そのことは、人間の思い通りになるようなことではない。しかしそれでも、猫の習性に関する正しい知識をもてば、猫に入ってほしくない場所に猫を近寄らせない対策は可能である。そして何より、猫が、人間の快適さのために簡単に殺されてはならないような、豊かな内面をもつ存在であることが、そして猫自身が本質的に人間を必要とする存在であることが理解される必要がある。猫について、警戒心もあらわに打ち解けない目でこちらをじろりと見てくるものとしての理解しか共有されていなかったら、猫は迷惑の元凶としてしかみなされないかもしれない。確かに、道端で見かけるだけの野良猫ならば、そのような姿しか見せないこともある。そうした野良猫の姿のみによって猫についての理解を形成している人は、猫をそのように理解するしかないだろう。

猫にたいしてそのような理解をもっている人が、猫を単に殺処分するのではなく、人間が世話をし、管理することによって状況を改善することが望ましいのだという考えを受けいれるために必要なのは、猫についての理解を変えることである。住民間でのトラブルが生じている状況のなかで、猫の権利の尊重や猫の利害にたいする平等な配慮を主張しても、そのために人間はどうなってもいいのかと反発を呼び、状況を悪化させるだけかもしれない。確かに動物に権利があるとする立場からすれば、権利主体である猫を殺処分することなど許されない。功利主義的な観点からしても、殺処分をしないことで人間が被る害と、殺処分をすることで猫が被る害を比べたら、猫を殺処分することは正当化されないという結論が導かれるだろう。これらの立場から導き出される結論は、確かにもっともなものかもしれない。しかし、そもそもこれらの議論の全体を受けいれるということ自体が、大きな要求であると思われる。むしろ、こうした状況において必要とされるのは、この結論に至るためのもっと素直で単純な理解として、人間の保護のもとにいるべき存在として猫が広く理解されることではないだろうか。

3　ペット動物への不妊去勢手術

次に、こうした野良猫をめぐる状況を改善するためにとられる方策として広く勧められている、猫にたいする不妊去勢手術について検討する。野良猫にたいする不妊去勢手術は、人間がすべての猫を飼育することができないのであれば、それ以上野良猫を増やさないためには猫が子どもを産むことを止めるしかない、という理由でとられる手段である。一般に不妊去勢手術は、当の動物自身にも利益をもたらすものであり、また特に野良猫の場合には、飼い主のいない苦しい生を送る新たな子猫を増やさないためにも必要だと考えられている。[36] たとえば雌の猫は、不妊手術によって、生殖器に関連する病気にかからなくなる、感染症リスクが減る、妊娠出産に伴う肉体的な負担を被らないといった仕方で、その福利が増進すると考えられており、また、寿命が延びる傾向も見られる。雄猫についても、他の雄猫とのケンカの減少や、ケンカに伴う、怪我、交通事故、病気感染のリスクの減少、生殖器関連の病気の予防といった効果が考えられる。[37]

そして、不妊去勢手術を行わなければ、野良猫に関しては、成猫にまで成長することなく飢えや病気によって命を落とす多くの子猫が、いつまでも生みだされることになる。[38] 家で飼われている猫に関しても、もし生まれてくる子猫すべてを養うことが不可能であるならば、妊娠を避けるために隔離することや閉じ込めることが必要になる。発情期でありながらその欲求が満たされない猫は、発情が生じていなければ落ち着いて過ごすはずの日々を、食事量が減り、常に何かに駆り立てられ、落ち着いて眠ることもできずに過ごすことになる。

もちろん、不妊去勢手術には全身麻酔のリスクや肥満につながりやすいなどのリスクも伴う。また、生殖の能力も不可逆的な仕方で失われる。だが、こうした負の影響がありながらも、不妊去勢手術は、前述した諸利点と比較考量され、その必要性が強調されている。

だが他方で、そうした必要性があるとしても、ペット動物にたいする不妊去勢手術は、そうするべきということが明らかなものなのかという疑問もありうる。確かに不妊去勢手術は、ペット動物自身の健康や安全に寄与しうるものである。また、殺処分という方法ではなく数をコントロールする試みでもあるため、ペット動物にとってよいことだと言いうる。しかし、疾患があるわけではないのに侵襲的な処置をすることや、それに伴う恐怖を与えること、生殖に関する利害を永遠に奪うことにたいしては、動物にたいして倫理的であろうとする人であるからこそいだくような葛藤も生じうる。その点で、ペット動物にたいする不妊去勢手術は、微妙な倫理的問題を抱えている。

こうした問題についてどのような議論が可能であり、どのような議論が求められているのだろうか。これまでになされてきた議論には次のようなものがある。まず、厳格な権利論者であるフランシオンは、ペット動物への不妊去勢手術について、ペットという奴隷状態の存在を根絶するための手段として正当化され、むしろどのようなペット動物にたいしても行うべきであると主張する。[39] しかし、本章ですでに指摘したように、そもそも奴隷としての動物という理解が適切かは疑問である。また、ペット動物を奴隷として理解し、その奴隷状態は許されないとすることと、ペット動物には不妊去勢手術を積極的に行うべきだとすることとの間に、不整合を見いだす人もいるかもしれない。[40] そして、いずれにせよ、ペットへの不妊去勢手術をめぐる問題を、フランシオンの議論に基づいて十分に扱うことは難しいだろう。なぜなら、人間とペット動物の関係そのものを悪いものとみなし、それを根絶するための手段として不妊去勢手術を支持するフランシオンの立場が、ペット動物にたいしていだきうる葛藤にこたえるものであるとは思われないからである。

一方、コクランは、フランシオンとは異なり、不妊去勢手術によって当の動物にもたらされる利益と害の大きさを比較考量することで、不妊去勢手術は許容されると主張する。[41] ただしコクランは、ペット動物を他の動物と同じような存在として理解すべきだと主張するため、ペット動物にたいする不妊去勢手術についても、他の動物にそれを行う場合と同じものとして論じられることになる。この立場もまた、ペット動物にたいする不妊去勢手術という状況を適切にとらえていないように思われる。たとえば、害獣とされる野生動物の数を、殺処分よりも道徳的に許容できる方法でコントロールするために、そうした野生動物に不妊去勢の処置をとるという方策が検討されることがある。だが、野良猫に不妊去勢手術を施す活動は、これと同じ動機で行われてはいないように見える。もちろん、野良猫に関しても、その数を減らすことは目的の一部になっているが、そこには、猫という、人間に飼育されているはずの存在が、飼育されていないことによって苦しい生を送っているという事態の理解が伴うはずである。そして、第一には、そうした存在に適切な飼い主を見つけることが目指されており、それを達成するのが困難なほどに、飼い主のいない多くの子猫が新たに誕生してしまうため、その状況を改善するために不妊去勢手術が行われているのである。つまり、たとえ現に人間に飼育されていないとしても、野良犬や野良猫は、ペット動物として理解される存在なのであり、そうした存在にたいしては、相手を動物としてのみ理解して必要な対応が考えられているわけではない。ペット動物は、人間にとって管理の対象でありながら、ときに人間が自身の利害を損なってでも、その利害を促進させようとする対象でもありうる。[42] 両者の力の関係は不均衡なものであり、人間がパターナリスティックにふるまわなければならない場合もあるだろう。しかしそのとき、ペットの快や痛み、喜びや苦しみは、親と子の関係の場合のように、飼い主自身の幸福がそれによって左右されるような問題となる。一方で、その関係は、相手の自立が目指されない点で親と子の関係とは異なる。そして、そうした関係にあるということ自体が、ペットにとっても人間にとってもよいことでありうる。[43] ペット動物にたいする不妊去勢手術についての議論は、ペット動物がそうした存在であるということを反映したものでなければ、状況を適切にとらえたものとはならないだろう。

以上をふまえると、ペット動物にたいする不妊去勢手術の倫理的是非については、その対象をペット動物として、つまり、人間との関係のもとで生きることではじめて十分な生を送ることができる存在として理解することによって、適切に論じることができるように思われる。ザミールは、ペット動物にたいする不妊去勢手術を支持する理由として次のものを指摘する。第一に、不妊去勢手術はペット自身の長寿につながる。第二に、性あるいは生殖に関わる能力の喪失について、ペット自身がその状態を損失として経験することを示唆するものはない（犬や猫は、発情期がつくり出されなければ、性衝動ももたない）。第三に、多くの人は、もし産まれてくる多くの子孫をみな引き受けなければならないとしたら、そもそもペットを飼わなくなる。第四に、不妊去勢がなければ、悲惨な生を送り、伝染性の病気を広げ、最後にはシェルターで殺されることになるような動物をより多く生みだすことになる。[44] これらのうち、第三の理由以外は、ペット動物自身の利害に関係するものである。一方、第三のものは、ペット動物自身の利害に直接関わるものではなく、ペット動物と人間の関係に関わるものであると言える。つまり、ここでは、ペット動物が人間の保護のもとで生きるという、その関係が維持されること自体を目的として、不妊去勢手術の必要性が支持されている。

ペット動物への不妊去勢手術について論じるには、この観点が重要であるように思われる。功利主義や義務論の議論のような仕方で、ペット動物を、単に動物として理解した場合は、不妊去勢手術がその動物にとって本当によいのかについて判断することが難しくなる。不妊去勢手術は、一方で、その動物自身に利益をもたらすと言える点が多数あり、ザミールも指摘するように、その処置がその動物自身にとって損失として経験されることもないと考えられる点で、動物自身の主観的観点からは問題のないものと言えるだろう。しかし他方で、不妊去勢手術は生殖という動物のもつ本性を害するものでもあると考えられる。つまり後者に関して、不妊去勢手術という処置を、その動物の本性という観点から問題のないものとする理由が不足している。こうした状況が、不妊去勢手術に関する道徳的な葛藤を生じさせていると言える。

しかしこのとき、ペット動物としての理解に訴えることで、その動物の本性という観点からも、その動物にたいして不妊去勢手術をすることを支持する理由があるのだと指摘することができる。つまり、人間と共に生きることをその本性とするペット動物にたいする不妊去勢手術は、人間の保護のもとで暮らすことができない個体が生まれてくるのを防ぎ、また、現に存在する個体が人間に飼育され続けるためにも必要である。これは、人間に飼育されることが結局のところペット動物自身にとって利益になるのだという主張にはとどまらない。ここで指摘されているのは、ペット動物のもつ本性を考慮に入れてもなお、不妊去勢手術を支持する理由があるということである。こうした理由が、ペット動物にたいする不妊去勢手術をめぐって生じる葛藤を解消するためには必要である。というのも、そのペット動物自身に健康や長寿をもたらすことでも、その本性に照らしてその生にとって悪いことをしてしまっているのかもしれないという懸念にこたえるには、その動物の本性という観点からも不妊去勢手術がもつよさを示す必要があるからである。もちろん、ここで示された理由だけによって、ペット動物にたいする不妊去勢手術が道徳的にまったく問題のないものになるわけではない。それでも、ペット動物の生が、そもそも人間の保護のもとで生きることではじめて十分なものになりうると理解することで、不妊去勢手術を支持する理由がさらに加わるのである。

ある処置をすることについて、ペット動物として理解した場合に許されるが、動物として理解したときには許容できない場合は、それをすることは許されないという考えはありうる。確かに不妊去勢手術の場合、その処置によって、動物は生殖に関する機能を失うことになり、またその処置の過程で動物は恐怖を感じるかもしれない。しかし、不妊去勢手術によって、動物のもつ喜びのひとつは奪われるかもしれないが、すべてが奪われるわけではなく、また、その恐怖がその後も恒常的に続くわけではない。そしてその動物自身に全体として大きな利益がもたらされるという点で、不妊去勢手術の実施は動物としての動物にたいする明らかな危害とは言えないと考える余地がある。そしてそのうえで、その動物をペット動物として理解したとき、不妊去勢手術をすることにたいして、それが適切なことであると考える理由が新たに加わるのである。

4　動物園の動物

最後に、ペット動物と同様に、人間の保護と管理のもとで終生飼養されるが、本来は野生動物である、動物園の動物について私たちはどのように理解すべきなのだろうか。動物園で飼育されている動物は、ほとんどが野生動物である。野生で生まれた個体を捕獲して飼育している場合もあれば、動物園で生まれた個体を飼育している場合もある。いずれの場合も、野生で現に生きている個体と比べて、野生で生き抜くために身につけるべき能力が落ちていたり、あるいはそうした能力を身につけていなかったりするかもしれないが、その動物の本質自体が変化しているとは言えない。そういった存在が動物園で飼育されることについて、本書で示した観点からどのように論じることができるだろうか。

まず、動物園で飼育されることにたいする動物自身の利害について、次のように考えることができるだろう。一方では、野生で生きる場合よりも栄養状態はよく、外敵もいない状況であるため、長生きをすることができる場合がある。もちろん逆の場合もあるだろう。他方で、野生で生きる場合とは比べ物にならないほど狭い檻の中に閉じ込められて暮らすことになるため、運動不足や変化の少ない環境、そして人間の視線にさらされ続けることなどによるストレスを常に受けることになる。また、社会的な生活を送る動物にとって、限られた頭数だけで送らなければならない生活もまたストレスになるだろう。もしそれが、野生から連れてこられた個体であれば、このストレスはさらに大きなものになると考えられる。野生環境で自由に動き回り、常に新しい刺激を受ける生活を送る経験をしたのちに、動物園での生を送ることで被るストレスは、計り知れないものになるだろう。[45]

では動物にそのような状況を強いる動物園は、何のために作られ、維持されているのだろうか。日本動物園水族館協会は、動物園と水族館の目的を、「種の保存」、「教育・環境教育」、「調査・研究」、「レクリエーション」の四つにまとめている。[46]つまり、動物園や水族館は、希少動物を保護する責任を果たすこと、野生の動物に関して書籍や映像からは得られない知識を来園者に与えることで野生動物への関心を高めること、動物たちの生態を研究し、また、動物園を訪れる人に楽しい時間を提供することが目的として定められている。

これらの目的や、動物が長寿という利益を得るということが、動物を閉じ込めて多大なストレスを与えることを正当化しうるのかについては、さまざまな議論がありうるだろう。たとえば、種の保存が本当に、個々の動物の利害を犠牲にしてまで追求すべき価値であるのかを問うことができる[47]。現在の状態にある生態系は、過去にさまざまな生物が絶滅していったうえに成り立っている。そのようにして成り立っている現在の環境のなかで生きる私たちや他の動物たちが、過去にそうした生物が絶滅したことによって、今、何か重要なものを欠いていると言えるのかは疑わしい。あるいは、野生動物を調査・研究することが主要な目的であるならば、現在の動物園という状況がそれにとってふさわしいかどうかも検討しなければならないだろう。

こうした議論とは別に、本書で示してきた観点のもとで重要な論点となるのは、動物園の動物が、どのような存在として理解されるべきかという点である。動物園のなかで生きる野生動物は、野生動物として理解されなければならない。本書で提出した観点からは、もちろん、野生動物にたいして人間が手を貸してはならないという主張が導かれるわけではない。野生動物について言えることは、かれらは人間の援助のもとで生きるのが生存や健康の条件となっている存在ではないため、かれらにたいしては少なくとも、危害を加えるようなことをしてはならないということである。しかし、ペット動物の自由をある程度奪ったり、その生殖の能力を奪ったりすることが正当化されうると考える理由を強める要素として、ペット動物が人間との関係を本質的に必要としていることが挙げられるのにたいして、野生動物に関してはその理由が与えられないのは確かだろう[48]。

また、上述の動物園の目的としても述べられているように、動物園は、人間が野生の動物を実際に目にする貴重な場所である。そして私たちは、ペット動物以外の動物についてよく知る機会が制限されている。そうしたなかで、野生動物を実際に目にすることは、第3章で論じたような動物理解を得るのに役立つかもしれない。そのように考えたとき、確かに、動物の実際の息遣いを聞くことができるということや、飼育員が動物と実際に接することで得た知識を私たちに伝えてくれることは、私たちのもつ動物理解の形成にとって重要であるかもしれない。しかし他方で、多くの動物園の実際の現状を考えると、そこで私たちが目にするのは、かれらが、ただつまらなそうに寝ている姿や、ただひたすら檻の中を行ったり来たりしている姿である。そこには、かれらの生がもつ倫理的な重みを私たちが実感できるような、かれらの喜びの表現はめったに見られない。むしろ、檻の中で生きることを強いられる「見世物としての」動物が展示されているとすら言える場合もあるだろう。野生動物を目にするという貴重な機会において私たちが実際に目にするのは、動物が人間の興味を満たすための見世物のように扱われている様子であるかもしれない。その状況は、かれらにたいするそうした見方が許されていると示すものになってしまっているだろう。

こうした状況を考えれば、少なくとも現在の動物園のほとんどが、かれらの野生動物としての生にとっても、私たちの動物理解の形成にとっても、望ましいものとは言えないことになる。そうであるならば、現在の動物園の多くは、少なくともその形態を大きく変えていく必要がある。動物園そのものがもし道徳的に許容されるとしたら、その動物園は、動物たちが野生のなかで経験する以上の害やストレスを被らず、また、その動物たちを目にする私たちが、野生動物についての適切な理解を得られるものであることが求められるだろう。

本節では、本書が提出するアプローチに基づいて、ペット動物をめぐる状況や動物園の動物についてどのように論じることになるのかを検討してきた。その議論の特徴は、動物を内面的な豊かさをもつ存在として理解するという「動物としての」理解を、動物一般にたいする理解の基底としたうえで、それに加えて、特にペット動物にたいしては、人間の保護のもとで生きることをその本性とする「ペット動物としての」理解を提示する点にある。

そうした観点は、ペット動物をめぐって生じているさまざまな問題や、そうした問題に伴って人々がいだく葛藤を扱うための、実感に即した議論の展開を可能にすると考えられる。ペット動物に関しては、かれらにたいして人間がもつ理解の適切さを論じることで、ペットが置かれている現状の何が適切であり、何が不適切であるかを整理したうえで、一定の指針を導くことができる。たとえば、ペット動物が人間に飼育され、人間にたいしてある程度依存的であること自体は、倫理的に非難されるべきことではない。他方で、ペット動物が金銭で取り引きされる商品として扱われることは、不適切だと考える理由があると論じた。また、ペット動物がもつ利害だけを考慮に入れるのではなく、かれらがどのような仕方で人間との関係を必要としているのかを考慮することで、人間との関係の維持自体もまた私たちにとって倫理的な理由になると指摘した。他方で、野生動物が人間との関係を必要としないということも、野生動物をめぐって考慮すべき倫理的理由として位置づけることができる。

本書が提出するアプローチは、特定の理論的枠組みに依拠しないことによって、倫理的配慮に関係していると考えられるさまざまな理由づけを明確化し、それらがどのような仕方で重要性をもつのかを検討するものである。もちろん、そうした理由づけとしては、功利主義や義務論、そして徳倫理やニーズ論の議論において重視されるものと共通するものも含まれている。だが、それらの理由づけは、何らかの理論的枠組みに依拠しなければ訴えることができないようなものではない。ここまで指摘してきたさまざまな倫理的理由は、私たちの日常的な思考やふるまいに見いだされているか、あるいは、これまでは存在が気づかれてこなかったものの、ひとたび気づかれればその重みが理解されるはずのものである。私たちは、動物と関わる個々の場面で、そうした重みを勘案しながら、ふさわしい倫理的な関わり方を導こうとしている。具体的な状況のなかで、どのような倫理的理由が重みをもっているのかを検討し、また、これまでは気づかれていなかった倫理的理由を指摘することは、そうしたあり方に沿ったアプローチであると言えるだろう。

もちろん、こうしたアプローチは、動物をめぐる制度や行為にたいして、決定的な指針を直接与えるわけではない。つまり、現在なされている慣行や個々人の行為を禁止するといった、強制を伴う帰結を直ちに導くことにはならない。そうした強制力を伴う禁止を実際に実現するためには、ここまでに論じてきたような議論とは別に、次章で検討するような法的規制などをめぐる議論もまた必要だろう。しかし、ここまでにも述べてきたように、本書が目指すのは、人々が自分自身のなかに動物への倫理的配慮に結びつくような理解をすでに有していると気づき、そうした理解に基づいて動物に向きあうようになることである。そのためには、私たち自身に根ざしているものに目を向け、それを反映する議論が必要とされるのである。

注

1 D・E・クーパーは、人間が動物に向ける態度の雑多さを指摘し、そのことが、動物の「道徳的地位」という抽象的で一般的な考えに訴える議論がうまくいかない原因のひとつになっていると示唆している（Cooper 2016）。
2 角田 2010、二七五―二七六頁。
3 犬の家畜化と、ストレス耐性との関係は、Fagan 2015, Chap. 2 で取りあげられている。
4 太田 2012、一四七―一四八頁。野良猫の福利に関する研究は少ないものの、過酷な生を送り、その寿命は飼い猫と比較して著しく短いという複数の報告がある。Palmer 2014, pp. 151-152 を参照。
5 Hare et al. 2002. 猫も犬と同程度に人間の指さしを理解するという研究としては、Miklósi et al. 2005 を参照。
6 そうした例は、太田 2012、四六―四九頁、七五―七九頁、八五―八七頁など。
7 ペット動物の福利については、Sandøe et al. 2016, Chap. 4 で論じられている。新村編 2022、第3章も参照。

8 Cochrane 2014, pp. 170-172.

9 Francione 2000, pp. 169-170〔邦訳書二七四－二七五頁〕。

10 Francione 2012.

11 Cochrane 2014, pp. 162-166.

12 ペット動物の自然なあり方と、依存の問題については、Bok 2011を参照。

13 Palmer 2011.

14 Palmer 2011, esp. p. 720.

15 パーマーはここで、T・ポッゲが遠くの貧困への義務について論じる際の議論を援用し、野生動物の場合と類比的に論じている。そのポッゲの議論（Pogge 2008）とはつまり、遠くの国の貧困への義務は、私たちが、過度の不平等によって成り立つ制度的秩序の維持に手を貸している点で、実際に積極的に貧困層に害を加えていることへの補償の義務であるとする議論である。

16 Bok 2011.

17 ドゥグラツィアもまた、動物をケージなどに閉じ込めることについて論じる際に、自分が意図的に行った閉じ込めによって責務が生じるという点に言及している（DeGrazia 2011, p. 742）。

18 ニーズについてのこのような理解は、第2章1節で参照したニーズ論者のなかでも、S・リーダーの議論によって説明できるかもしれない。リーダーは、ニーズが道徳的に要請するものであるということが、一律の一般化された主張として理解されるのではなく、必要としている存在のアイデンティティや、何が実践的に可能かということに相対的なものとして理解される可能性に言及している。たとえば「ある人間はミルクを必要とする」は真であるが、「すべての人間はミルクを必要とする」というように過度に一般化した主張や、「すべての母親は自分の子どもの世話をするために家にいる必要がある」というように過度に普遍化した主張は誤りになってしまう。したがってリーダーは、ニーズ言明は、一般的／特定的という軸と、普遍的／個別的という軸の二つの軸によって、真理であるかどうかが決定されると主張する（Reader 2006, p. 346）。

19 肉食に関するC・ダイアモンドの議論（Diamond 2004）も本節の図式によってとらえ直すことができるかもしれない。第5章注52も参照。

20 Zamir 2007, p. 9.

21 Zamir 2007, p. 14.

22　太田 2013、2015、2019、杉本 2016、2020など。

23　二〇一三年施行の改正動物愛護管理法で、生後八週（五六日）に満たない幼齢の犬猫の引渡し・展示は規制がなされることになったが、ペット業界からの反対などにより、経過措置として施行後三年間は「四五日」と読み替え、その後も、別に法律で定める日までは「四九日」と読み替えることが附則に定められた。その後の二〇一九年改正でこの附則は削除されることになったものの、柴犬や秋田犬といった「天然記念物指定犬」六種を専ら繁殖する業者による一般飼養者への販売については特例として「四九日」とされている。指定犬をめぐる特例の詳細とその問題点については太田 2019、第5章に詳しい。

24　二〇一九年改正の動物愛護管理法では、自治体が、相当の理由のない引取りの求めを拒否できるようになった。しかし、自治体での引取りに代わる処分の方法として登場した「引き取り屋」の存在も指摘されている（太田 2019、一四三―一五七頁）。

25　太田 2015では、二〇〇七年四月から二〇〇八年三月までに二九の自治体で受理された「犬の引取申請書」に書かれた、犬を捨てる理由が、犬種ごとに集計されている（太田 2015、二〇―二一頁）。たとえば、「飼い主が病気・死亡」や「転居」、「金銭的な問題」など、飼い主の一方的な都合による理由がある。またもっとも件数の多い「犬の病気・けが・高齢」という理由に関しては、もし回復不能な病気やけがでその犬を安楽死させるのだとしたら、治療にあたった動物病院で処置を受けることが自然であることを考えると、動物病院での治療や介護を十分に行ったと言えるか不明である。あるいは「人を噛む」、「鳴き声がうるさい」など、飼い主の適切なしつけによって防ぐことができたであろう理由もある。また、猫ブームの影響のせいか、純血種の野良猫が増えているという報告もある（太田 2019、三八頁）。

26　たとえば、幼いうちに親や兄弟から引き離されることによって、どのような影響が生じうるかがしばしば議論の対象となる。

27　太田 2015、一三―一九頁、太田 2019、三一四―三一七頁、杉本 2016、三三―三八頁、杉本 2020、一〇二―一〇六頁。

28　山本・松村 2015。

29　杉本 2016、七三―七八頁では、岡山県のペットショップ「chou chou」の取り組みが紹介されている。他方で、杉本 2020、一〇六―一一〇頁では、売れ残りの犬や猫を保護犬・保護猫と称し、結局のところ、実費として必要な登録費や医療費以外の金額を請求するペットショップもまた存在することが指摘されている。

30　どいかや 2010。また、絵本作家のとりごえまりは、血統書付きで販売される猫に価値を見いだすことに警鐘を鳴らす冊子をインターネットで公開している（とりごえまり 2011）。

31　杉本 2016、七二頁、一一八―一二〇頁、杉本 2020、一一三―一一四頁。

32　杉本 2016、一一六―一二〇頁。

33　野良猫をめぐるこのようなトラブルは、黒澤 2005 や、藤崎 2011、一九三―一九八頁、山本・松村 2015、四七―五二頁などで紹介されている。

34　たとえば、黒澤 2005、三七―三八頁。

35　猫の飼育の様子を描いた考古学的な証拠としては、紀元前一九五〇年頃の古代エジプトのものがある（Serpell 2014, pp. 88-89）。また、約九五〇〇年前のキプロス島において猫が埋葬されていたことを示す出土例も知られている（Vigne et al. 2004）。

36　環境省 2014。地域住民による野良猫の世話と、野良猫を一時保護し不妊去勢手術したのちに元の場所に戻すという活動（Trap-Neuter-Return：TNR）が、国や自治体によっても推進されている。環境省 2021、二―三頁、八頁も参照。

37　不妊去勢手術のメリットについてはPalmer et al. 2012, pp. 157-158 にまとめられている。

38　野良の子猫では六か月齢までに、七五％が死ぬか姿を消すかしたという調査結果もある（Nutter et al. 2004）。

39　Francione 2007.

40　フランシオンは厳格な権利論者であるが、動物には「生殖の権利」のようなものはないため不妊去勢手術には道徳的な問題がないと考えている。この議論にたいし、パーマーらは、権利論者であるフランシオンの議論からは、野生動物に強制的に不妊去勢手術を行うことは悪であるとされるだろうに、存在すべきでない制度のうちに生まれた個体は、そうした制度の外部に生まれた野生動物のような個体と同じ権利をもつべきでないとフランシオンは論じているように見えると述べている（Palmer et al. 2012, p. 163）。

41　Cochrane 2012, pp. 131-134.

42　ザミールはそうした行為があることによって、搾取から使用を区別できると論じている（Zamir 2007, p. 92）。

43　後で見るように、ペットと飼い主の関係自体のよさという観点には、ザミールも着目している。

44　Zamir 2007, p. 99.

45　これに加えて、野生から個体を連れてくるという場合には、その個体が野生での暮らしのなかで共に生きていたパートナーや親、または子から引き離されることによって被るストレスや、取り残された家族や仲間がそれによって被るストレス、あるいは家族や仲間を失ったことでそれまでの生活を送れなくなり、生命が危険にさらされうるという要素も考える必要がある。

46　日本動物園水族館協会 n.d.、新村編 2022、第4章も参照。

47 種の価値と絶滅についての議論は、Gruen 2011, pp. 166-174〔邦訳書一八〇—一八八頁〕や、Bekoff 2000, pp. 59-61〔邦訳書一一六—一二〇頁〕。

48 ザミールはこの点に関して、ペット動物や家畜動物へのパターナリズムが許されるのは、そうした関係があるということでかれらが存在しているからであり、野生動物に関しては、かれらの存在自体が人間の行為に依存しているわけではないのだから、野生動物へのパターナリズムは正当化されないと論じている（Zamir 2007, pp. 130-131）。

第7章　動物の法的権利と福利

ここまで、動物の倫理的な配慮をめぐって、動物がどのような倫理的重みをもつ存在なのか、また、人間と動物との関係に基づいて、人間にどのような責務が生じうるのかという観点から、個々の人間が動物をどのように理解すべきであり、それによってどのように動物と関わるべきであることになるのかを論じてきた。動物への配慮の必要性をめぐる議論が本当に成功するためには、個々の人々が、動物のもつ重みと人間の責務とを受けいれる必要があるだろう。しかし他方で、動物への配慮を、現実の社会において実質的な形で実現するためには、法的な規定のなかにそれを位置づけることもまた必要になる。したがって、動物倫理の議論においても、動物の法的身分がどのようなものであるべきなのかという論点は、念頭に置くべきもののひとつになるだろう。

ここでは、動物の法的な身分に関する議論に直結すると自然にみなされるであろう、「動物の権利」という考えについて検討する。特に、この考えが「権利」という概念に訴えるがゆえに法学者から向けられてきた懸念に注目することで、権利をめぐる哲学的議論と法学的議論の間に生じうるすれ違いと、動物への配慮の必要性をめぐる哲学的議論において念頭に置かねばならない観点を整理する。その整理を通して、動物にたいする十分な保護を実現する方策として、権利概念に訴えるのではなく、動物をめぐる法においてすでに重視されている動物の「福利（福祉）」に注目し、福利への配慮という考えを徹底する道筋を検討する。そのなかで、本書で重要性を指摘してきた論点が、動物の法的身分をめぐる議論において果たしうる役割を明確化する。

第1節　権利概念の多義的な用いられ方

動物への配慮の必要性は、功利主義、義務論、徳倫理、ケアの倫理といったさまざまな倫理学的立場に基づいて論じられてきた。[1] 動物への配慮をめぐるそうした哲学的議論のなかでも、とりわけ義務論に基づく立場は、動物が「権利」を有すると主張する「動物の権利論（animal rights theory）」として、ひとつの大きな流れを形成している。他方で、義務論だけでなく、動物への配慮の必要性を主張する立場がすべてひとまとめにされ、「動物の権利運動」などと呼ばれる場合もある。

こうした状況をふまえ、D・ドゥグラツィアは、権利という言葉の用法を三つに分類している。[2] 第一のものはもっとも広く、動物が、その動物自身の資格において、（人間のものより低いとしても）道徳的な地位をもつということを意味する。ただしこの場合、正当な理由なく動物を虐待することは悪いことだとされるが、人間の利害などの理由によっては、動物を傷つけることも正当化されうる。第二のものは、動物が人間と平等な配慮に値するという意味である。人間とある動物との間に、たとえば苦痛を経験するという共通の能力があるとき、苦痛を被らないというその動物の利害は、人間のものと等しく重要だということになる。第三のものはもっとも厳密な用法であり、ある動物のもつ重要な利害は、功利性を乗り越え、それを守ることで社会全体に不利益が生じるとしても守られなければならないということを意味する。たとえば功利主義者であるP・シンガーは第二の意味の権利を認めるが、第三の意味の権利を否定し、T・レーガンは第三の意味において動物の権利を支持しているとみなせる。[3]

これらの用法から分かるように、動物には権利があるという主張が、ただ、動物自身の側に道徳的配慮に値するものが、どのようなものとしてであれ何かあるのだという考えへの支持を表明しているだけという場合もある。したがって、「動物の権利」を擁護すると言われたときに人々が想定するものには、かなりの幅がありうると言える。しかし、動物倫理の議論のなかで特に権利論として展開されている立場は、第三の意味での権利を支持する立場、つまり人間にたいするもっとも強い制限を主張する立場のことである。以下では、第三の厳密な意味で動物の権利を擁護する哲学的立場を、「動物の権利論」あるいは「哲学的権利論」と呼び、主にこの立場について検討していく。続く第2節では、動物の権利論が権利概念に訴える狙いが、動物保護の現状を大きく変える実践的変革を求めることにある点を確認する。

第2節　なぜ動物の「権利」を主張するのか

動物の権利論と呼ばれる立場は、なぜ他でもない「権利」を動物がもつと主張するのだろうか。それは主に、権利という概念がもつ次のような特徴に関係していると考えられる。権利は、道徳体系のなかでなされる正当な要求であり、利害にたいする切り札となるようなものである[4]。たとえばB・E・ローリンによれば、権利という観念は、権利主体の周りに防護柵をつくり、たとえ一般の利害のためでも、その主体が孤立しているときでも、その主体にたいしてなされてはならないことがあるということを明らかにする[5]。こうした概念に訴えることで、動物の権利論の支持者は、次のように主張する。つまり、動物が、ひとたび権利の主体として位置づけられたならば、人間による恣意的な変更を受けない強固な道徳的地位をもつと認められることになる。動物にたいするある種の行為は、たとえ人間の利害を促進させるとしても、端的にしてはならない。動物の権利論の支持者は、動物の権利を人権とよく似た含意をもつものとみなしていると言える。[6]

他方で、現在、動物をめぐる規制のなかで主に用いられるのは、動物の「福利（welfare）」に配慮するというアニマルウェルフェア論の考え方である。動物の福利とは、心身の健康といった動物の生のよいあり方のことであり、[7]畜産動物や実験動物をめぐるアニマルウェルフェア論的アプローチにおいては、動物が生きている間の福利を向上させることを目指すべきだと論じられる傾向にある。こうした立場によれば、動物に不必要な苦痛をもたらすことは、虐待とみなされ、許容されない。だが、苦痛に配慮し、人間の利用にその苦痛が必要だと判断されれば、動物を殺して食べることや、動物を実験に用いることは認められることになる。動物の権利論の支持者は、こうした不十分な規制のあり方を変えるという実践的な狙いのもとで、動物に法的権利が認められる必要があると主張し、それを支える哲学的議論として、動物には権利があると論じるのである。

この点について、動物の権利論を支持する論者がどのように論じているかを具体的に見ておきたい。たとえば前述のローリンは、米国のコロラド州法を例にとりながら、虐待を禁止する法律の存在だけでは不十分である理由として、その法律の関心という観点から論じている。[8]第一に、虐待を禁止する法律の関心の対象は、動物を所有し使用する人々であるとローリンは指摘する。動物に不必要な苦しみを与えることを禁止しても、動物を使うという人間の利害のために動物に苦痛を与えることが必要だとされるなら、その行為は虐待には当たらないことになってしまう。第二に、この法律の背景には、動物にたいして残酷な人は人間にたいする潜在的な危険になりうるという考えがあり、人間にたいする残酷さを早い段階で防ぐという人間の利害が、この法律の関心だと考えられる。その結果、自由に動く空間や衛生的な環境、適切な食料や運動などを動物から奪うような飼育方法も、そこに残虐な意図がないならば動物への虐待には当たらないことになる。

また、Ｇ・Ｌ・フランシオンは、ウェルフェア論的アプローチにたいして次のように論じる。[9] まず、食用にされる動物の福利を向上させ人道的に飼育するという企業の目標は、結局のところ、品質向上や経済的な効率性、労働者の安全を主眼としたものでしかなく、動物自身のもつ価値を認識することとは異なる。また、そのような目標があっても、結局動物は殺される。さらに、そうした目標の存在は、動物が人道的に飼育されていると消費者に信じさせることで、肉食にたいする抵抗を減らしてしまい、むしろ動物を守ろうという動きにとって逆効果だとフランシオンは指摘する。[10] こうしたことから、フランシオンは、動物が法的に「物（プロパティ）」の身分のままでは、動物自身のもつ価値が認識されているとは言えず、動物が「人（パーソン）」として、権利の主体と認められる必要があると論じる。

動物保護の実践的側面をめぐるローリンとフランシオンの主張の要点は、次のようになる。まず、動物の扱いをめぐる法的規制は、結局はその保護の目的を人間の利害に置いたものになっている。それゆえ、動物の扱いにたいする規制は、人間の利害に大きな影響を与えることのない、ごく限定的な側面の改善に終始しており、動物にたいする扱いを抜本的に変えるものではない。さらに、何らかの規制が存在するということが、動物の保護にとって逆効果になるという面もある。こうした状況を鑑みて、両者は、動物の状況を根本的に変える実践的成果をもたらすためにも、動物が「権利」の主体として認められるべきだと主張していると言える。

第３節　道徳的権利と法的権利の隔たり

すでに確認したように、動物の「道徳的権利」にはさまざまな形がある。そのなかでももっとも強い権利概念に訴える動物の権利論は、畜産や動物実験、動物展示などの全廃を求めるが、それを実現するためには法的な裏付けが不可欠になる。そのため、動物の道徳的権利に訴える哲学的議論も、ローリンとフランシオンが行うように、その主張が最終的には法に反映されうるものとして、議論を進めることになる[11]。

法による動物保護の形としては、大別すれば、二つの方向が考えられる。ひとつは、動物の福利に主眼を置き、動物にたいする危害を規制するための法整備を進めるというものである。この場合、動物を権利の客体としたままで、規制などの強化を目指すことになる。しかし動物の権利論が求めているのは、動物を法の世界においても権利の主体と認めるという、ローリンやフランシオンの主張するもうひとつの方向性である。

しかし、こうした方向性には大きな困難があると言える。というのも、動物の権利をめぐる哲学的議論と法的議論の間には、隔たりがあると考えられるからである。この点について、法学者の青木人志は、動物の権利論を、法的権利の確立を目指すものとして理解したときに考えられる困難として、次のような論点を挙げている。

第一に、これまで哲学的文脈において用いられてきた動物の「権利」の内容が曖昧で、具体性を欠いているという点が挙げられる。「権利」という言葉は、たとえばプライバシー権や所有権のように、具体的な内容をもった諸権利の総称なのであり、「どの範囲の動物が、どのような内容の権利を、誰にたいしてもつのか[12]」を具体的に示す必要がある。この点に関して、青木は、アメリカ連邦裁判所の裁判官であり法学者のR・ポズナーが、動物の法律上の権利の確立を目指す法律家S・ワイズに向けた批判を取りあげている。ポズナーは、ワイズが「哲学者としての性格も併せもつ[13]」としたうえで、次のように問う[14]。動物の生きる権利は、動物を他の動物による殺害から保護する義務を人間に課すのか、権利をもつ動物のために、私たちはどのような環境をつくり維持しなければならないのか。人間の権利と動物の権利が衝突するとき、人間の権利は何らかの優先性を有するのか、有するとしたらなぜか。権利をもつのは種か個々の動物か、後者だとしたら、特定の種への特別な法的保護は不平等だということになるのか。家畜化は奴隷化の一形態なのか。動物の権利が法制度のなかで実現するには、ポズナーが指摘するように、誰にたいするどのような権利をどのような動物に認めるべきなのかという議論をしなければならない[15]。

第二の論点として、法の関心は、最終的には権利の主体である人間の社会がうまく機能するということに向けられている。そのため、法における人と物の断絶は深く、動物を権利の主体とすることは、この区別に変更を迫るものであり容易ではない。青木によれば、こうした状況にたいしては、動物に権利主体性を認めることに原理的な障害がないことを示したうえで、さらに、特定の問題にたいして、動物を権利主体とすることで現状より人間社会にとってどのような点で優れた有益な解決が可能になるのかといった事実を明らかにしなければならない。また、裁判を起こすことのできない動物に代わって裁判を起こす代理人・代理機関を設置することに伴って生じうる問題の解決といったさまざまな実務的問題への解決をも示していくことが必要である[16]。

第三に、動物をめぐる法律が実際に変わるには、動物を保護すべきだという判断が人々に受けいれられ、社会において共有される必要があるということが挙げられる[17]。青木の挙げるこの論点は、次節でも詳しく論じるように、特に重要だと考えられる。たとえば、化粧品のための動物実験をめぐる法規制の場合のように、個々の法や法制度の実際の変化は、人々の認識や感覚と法との隔たりが大きくなり、その変化の必要性が高まることで生じるという側面がある[18]。しかし、これまでの動物の権利論が、動物の扱いにたいする人々の考えを変えることにつながるものであるかは疑わしいと言える。

まず、動物の権利論においては、ローリンやフランシオンの議論のように、動物の道徳的地位が、容易に破棄されたり蔑ろにされたりしないような強固なものとして確立されるべきだと論じられる。そうした強力な概念を用いることで確かに、動物の権利論は、動物の置かれた状況について人々の興味をひくことはできるかもしれない。しかし、権利ほどの強固な道徳的地位をもつ存在として動物をとらえる人々が数少ない現状では、それは非常に急進的な主張として映らざるをえないため、容易に反発を招きうる。さらに、本節で確認したような、主張の具体性に関する問題を抱えているという点が、人々の疑念を生む可能性もあるだろう。

第三の点について、さらに次の問題を指摘できる。ひとたび動物が「権利主体」として認められれば、そこからいわばトップダウン式に、さまざまな帰結を認めなければならなくなる。そのなかには、現状において倫理的是非の判断ができないと思われるものが含まれる。動物の権利を人権に似たものだと理解するなら、たとえば、動物を人間の所有の対象とする、ペット動物の飼育や繁殖は、動物にたいする深刻な権利侵害ということになるだろう[19]。しかし、前章までに確認してきたように、長い時間をかけて人間と共に暮らすことに適した性質をもつようになった動物について、そうしたあり方が、許容すべきでない悪いものだと言えるかは明らかでない。動物の権利論は、そういった多様な動物をめぐる個々の事柄に関する検討の余地を失わせてしまいかねないという問題を抱えている。

動物の権利論は、以上のような論点にたいして、十分な注意を払ってこなかった面があると思われる。法学的な観点から見ると、動物の権利論は、主張の曖昧さや、その主張を実際に法的なものとして実現するための議論の不足ゆえに、説得力のないものになっていると言える。そして、実際に法律を変えるひとつの大きな要因となる、社会的受容という点から見ても、動物の権利論は、権利という概念に訴えることによって、むしろ人々の反発や疑念を呼んでいる面がある。

もちろん、哲学者が法学者である必要はないのだから、法学的観点からの指摘にそれほど従う必要はないとも言えるかもしれない。しかしそうだとしても、法学的議論を行う場合はもちろん、哲学的議論においても、実際の法的変化を求める以上、こうした論点にも注意を払う必要があるだろう。

第４節　動物倫理の議論の役割

人間による動物利用の現状を根本的に変えるために、動物の権利論の支持者は、動物も人間同様に権利主体とみなされる必要があり、法的にもそれが実現されるべきだと論じる。しかし、本章で見てきたように、権利概念に訴える道筋には、小さくない困難がある。哲学的議論によって動物の権利を主張したとしても、法における人と物の断絶は深く、それに変更を迫る現実の道筋は容易なものではない。また、道徳的、法的いずれについても、権利についての人々の理解に照らせば、権利概念に訴えることは、かえって人と動物の違いに注目を向けさせ、疑念や反発を生じさせることにもなってしまう。さらには、第5章で取りあげたザミールの議論においても指摘されていたように、権利をはじめとする何らかの「道徳的地位」という概念に訴え、それを動物がもつと積極的に示そうとする道筋は、複雑でそもそも論証の困難な議論に身を投じることでもある。こうした困難をふまえると、権利概念に基づかない議論の可能性を検討する意味は十分にあるように思われる。

以下で示唆したいのは、動物利用の現状の変革という実践的達成の道筋は、動物の福利の向上という考え方を徹底することでこそ描くことができる、ということである。もちろん、権利論の支持者は、動物利用の現状は、動物に道徳的にも法的にも権利が認められていないことに由来するのだと考え、だからこそ動物も権利主体とみなすべきだと主張する。だが、権利論者のこうした見立ては必ずしもあたらないと思われる。また、前節で確認したように、実践的変化につながる議論に特に必要なのは、法的な実現可能性をふまえたうえで、動物の扱いを根本的に変える必要があるとする考えの受容につながるということである。以下で見るように、福利の概念に基づくことで、それらの点に応えることは可能だと思われる。

1　動物の福利

すでに述べたように、法による動物の保護には、動物の権利を確立するという方向性以外に、動物の福利に主眼を置く方向性がありうる。この道筋は、ローリンやフランシオンが指摘するように、法的に有効な規制につながらない不十分なものなのだろうか。

実際のところ、ローリンやフランシオンが不十分だと批判しているのは、アニマルウェルフェア論的な現在の動物保護のあり方である。確かに、現在のアニマルウェルフェアの考えには、動物が被る苦痛のどれが「必要」であるかという判断や、どの飼育法が動物にたいする「虐待」にあたるかという判断、動物を殺すこと自体の是非をめぐる判断に関して、人間の利害の保護を前提にした恣意性があるという指摘は、もっともなものだろう。しかしそれは、動物の福利を中心に据える議論に内在的な問題があることを示すものではない。動物の福利という考えが、動物の苦痛を減らせばよいという議論に用いられがちであるという面は確かにある。だが、第一に、動物の苦痛が道徳的問題だという議論を真面目に受けとるなら、動物の苦痛が「必要」であるかどうかは、現在考えられているよりもずっと厳しい基準で判断されることになるはずである。たとえば、現在の食肉産業のほとんどは、控えめに言っても私たちがそれほど多くの肉を日常的に食べる必要がない以上、動物に不必要な苦痛を与えるものだと判断されうる。[20] そして第二に、動物の福利に注目したとしても、必ずしも動物の死が問題にされないということにはならない。第３章３節１項で論じたように、動物の死がなぜ当の動物にとって悪いかは、その死によって失われるよい生によってこそ説明されるからである。[21] そうであるならば、動物の法的身分自体を変更せずとも、たとえば大量の動物の死や苦痛を不可避的に伴う現代の食肉産業にたいして、大規模な変革や全面的な廃止を訴えるべきだということになるだろう。

このように考えるならば、動物の福利に目を向けることで動物にたいする保護を強化するという道筋は、必ずしも、権利論の支持者が目指す実践的な成果を達成できないものではないはずである。動物の福利がもつ道徳的重要性を真面目に受けとり、一貫性をもって展開するならば、現在なされているアニマルウェルフェア論の主張にはとどまらず、動物をめぐる現在の実践をかなり大きく変えるものになりうるのである。[22]

さらに言えば、福利という概念は、私たちの倫理的配慮において、より基礎的なものであると考えられる。つまり、とりわけ動物に関して、私たちが実際に気にかけているのは、それぞれの存在がもつ喜びや苦しみや期待といったものと深く結びついた、対象の福利だと言える。福利は、動物がそれをもつということを私たちの多くが認めており、さらに、私たちが配慮している当のものである。次に述べる論点と関わるが、そのような福利概念に基づく枠組みこそ、人々が実際に気にかけるものを直接的に保護の対象とするような法規制につながり、また人々の理解を得るという課題に応えうるとも指摘できるだろう。

2　哲学的議論の役割——法的改革の必要性の受容

このように動物の福利向上という考えを徹底することで、すでにある法的保護を拡張して強化する道筋をとる場合にも、その手前で、そうした道筋を支えるための哲学的議論において問題にすべきことがある。それは、前節で確認したように、そうした変化の必要性を人々が受けいれられるかどうかという点である。動物の権利を認めることを目指す場合はもちろんだが、動物の福利向上の徹底を目指す場合も、それが意味するのは、現在享受している利益のいくつかを手放して、動物にたいする危害を防ぐべきだということである。それは、人々が、自分たちの利益を手放すべきだと考えるほどに、動物が道徳的に重要な存在だという考えとその帰結を受けいれる必要があるということでもある。動物の倫理的扱いについて論じる際には、そうした考え自体が、まださほど受けいれられていないということを真剣に考えなければならない。

では、そうした状況で展開するべき哲学的議論とはどのようなものだろうか。そのひとつの道筋として考えられるのが、本書で提案してきた、私たちがすでに受けいれている基礎的な倫理的信念や、動物に関する事実を指摘し、それらの一貫性に訴えるという道筋である。[23] たとえば、苦痛を与えることが道徳的に悪いという倫理的信念や、動物は苦痛を感じる存在であるという事実は、私たちの多くが、それ以上理由を問えないような基礎的なこととしてすでに受けいれている。それらは、動物に苦痛を与える実践の倫理的な正当性を問う十分な根拠になる。そうであるならば、たとえば、植物性の食事が十分手に入り、肉食が生存や健康に不可欠でない環境において、肉食という実践は「おいしいから」や「便利だから」という理由では正当化が難しいと指摘できるだろう。すでに自分のものとして（注意深く考えてみれば）受けいれている事実や信念に訴えるこうした議論には、自分自身が引き受けるべきものとして理解されるような動物倫理の議論を提示できるという意義があると考えられる。[24]

このような議論に加えて、動物倫理の議論が果たす重要な役割として考えられるのは、本書で取り組んできたように、動物の道徳的重みを示すことにつながるさまざまな特徴を指摘し、動物についての私たちの理解をより豊かなものにすることである。このことは、動物の福利がもつ道徳的重要性を示すことにもつながる。というのも、他者について、苦痛を感じるだけでなく、喜んだり何かに期待したりする存在として理解することは、私たちの倫理的配慮の根底をなしているもののひとつだからである。私たちは、人間については、そうした理解をもち、自身の利害のために危害を加えるべきでない存在だという基本的な理解をもつ。他方で、大部分の動物については、私たちの多くがそうした理解をもっていないという現状がある。そうした状況においては、動物についての豊かな理解や、前章で論じたような、多様なあり方をする動物たちそれぞれにたいする適切な動物理解が提示されることが助けになるのではないだろうか。

これまでの動物倫理の議論の多くは、人間について論じられてきた規範倫理の理論の応用という側面を強くもち、その焦点は、動物の苦痛や危害に合わせられてきた。しかし、上記の観点からすれば、動物についてもっと豊かな理解を提示することで、倫理的配慮の基本となるような動物理解を示す必要があるはずである。そうした理解によってこそ、動物の福利を十全にとらえる見方、つまり、動物の死はその動物自身にとって悪いものだという考えや、「食べるための存在」ではなく「自身の生を生きる存在」として動物をとらえる見方が得られると考えられる。[25] 動物倫理の議論は、こうした議論によって、動物にたいする現在の法的な保護のあり方を変更する必要があるという考えに耳を傾け、それを受けいれるための土台となる動物理解をもたらすという役割を果たせると考えられる。

確かにこれまでに起こった法的変化は、動物の権利論の支持者が批判するように、もっぱら動物が生きている間の福利の向上ばかりを目指すものであった。しかし、ここで可能性を提示してきた動物理解が説得力をもつものとして人々に受けいれられ、それが実際に実現される必要があるという認識が高まることによって、それを実現する法的な枠組みを求める動きが生じるとすれば、それこそが、「動物倫理」の目指すべきことであると考えられる。というのも、倫理学が目指すべきは、外からの押しつけのように理解されてしまいかねない議論ではなく、私たちの倫理的判断が実際に変化するような議論だからである。動物にたいする扱いに関して私たちがもつ考えが変化し、その結果として法の変化が必要になるということが、本当の意味での動物倫理の議論の成功であり、また、哲学的議論が固有に果たしうる主要な役割のひとつがそこにあると言えるだろう。

注

1　第1章と第2章で見てきたように、それぞれの代表的な著作としては、功利主義として Singer 1993、権利論として Regan 2004、徳倫理として Hursthouse 2006 などがある。また、ケアの倫理として Donovan and Adams 2007 などがある。
2　DeGrazia 2002, chap. 2〔邦訳書一七―五七頁〕。
3　Singer 1993. なお、シンガーは、動物について、人間よりも道徳的地位が低いという理由で第三の意味の権利を否定しているわけではなく、人間も含めて、自身の理論的立場のなかで、権利概念を第一義的なものとして用いていない。シンガーの立場は注24、25も参照。
4　Cohen and Regan 2001, p. 18.「切り札（trump）」としての権利という考えは、R・ドゥオーキン（Dworkin 1984）に帰される。
5　Rollin 2006, pp. 151–152.
6　Cochrane 2012, p. 3. 人権概念についての考え方としては、田中 2011、二二七―二三六頁を参照。
7　日本の家畜動物の現状とその福利向上の実現可能性を動物行動学の立場から論じた著作に、佐藤 2005 がある。また、家畜動物だけでなく、動物園の動物や実験動物も含めた動物の福利について、その評価の方法や現状などをまとめたものに新村編 2022 がある。
8　Rollin 2006, pp. 155–162.
9　Francione 2008, pp. 73–76.
10　具体的な法的規制としてフランシオンは、雌豚のクレート飼育を禁止するフロリダ州法とフォアグラを禁止するカリフォルニア州法について論じている（Francione 2008, pp. 84–90）。
11　たとえば哲学的権利論者のA・コクランは、すべての道徳的権利が法的な権利とされるべきだというわけではないと指摘したうえで、法的権利とされるべき道徳的権利についてのみ論じると述べ、自身の議論を展開している（Cochrane 2012, p. 14）。
12　青木 2010、二四九頁。
13　Posner 2004, p. 51〔邦訳書六八頁、訳文は邦訳書に従う〕。

14 Posner 2000, p. 533, Posner 2004, pp. 56-57〔邦訳書七六—七七頁〕。ワイズ（Wise 2000）は、奴隷解放や市民権運動と類比することで動物に法的権利を与えるべきであると論じているが、ポズナーによれば、市民権運動の場合と異なり、動物の権利論は、問題となっている動物と認知能力が同程度である人間がもつのと同じ権利を、その動物に与えるということが何を意味するのかを明確にしていない。

15 法学者であるR・A・エプスタインも、チンパンジーの権利を例に、動物を権利主体とみなす際の問題を指摘している（Epstein 2004, pp. 155-156〔邦訳書二一二—二一三頁〕）。

16 青木 2016、二二二—二二九頁。また青木は、法的な意味での権利を主張する場合、それが解釈論的主張か立法論的主張かによって、示すべき道筋や法的根拠も異なってくると指摘する（青木 2010、二五〇—二五一頁）。

17 青木も指摘するように、一九九九年に動物保護管理法が全面改正され、動物愛護管理法が成立した背景にも、動物保護への社会的な支持の広がりがあったと言える（青木 2016、六二頁）。

18 化粧品のための動物実験をめぐる法規制については嶋津 2009 を参照。

19 Francione 2009.

20 肉食をめぐって動物の被る危害が不必要であるという論点については、久保田 2018 で論じている。

21 DeGrazia 2002, pp. 61-62〔邦訳書九〇—九二頁〕。Regan 2004, pp. 96-103.

22 たとえば伊勢田は、実験動物の使用数削減を含む3R原則を畜産に拡張しない理由は考えにくいという指摘をしている（伊勢田 2018、八頁）。

23 こうした方向性は支持を集めてきており、一例として、Engel Jr. 2016 では、特定の倫理理論に依拠せず、広く受けいれられている前提から道徳的ベジタリアニズムが要求されると論じられている（esp. pp. 4-18）。

24 シンガーの議論も同様に、権利ではなく福利を重視している。だがその議論は、功利主義に依拠しており、シンガーの主張を受けいれるかどうかが、功利主義という理論的枠組みを受けいれるかどうかに左右されることになる。本書で示したい道筋は、動物への配慮の必要性は、そうした特定の倫理理論に依拠せずに、すでに受けいれている倫理的信念や動物の福利に関する事実から導かれるはずだというものである。

25 たとえばシンガーは、死が死ぬ当の存在にとって悪いものであるためには、時間的広がりのなかで存在する自己という意識など、快苦の感覚よりも高度な能力が必要だと主張する（Singer 1993, Chap. 5）。その場合、死に至る過程に苦痛が伴わなければ、

（人間の乳児等を含め）子犬や子猫などを含めた幼獣の死は悪いものでないことになってしまう。そうした高度な能力に基づかない説明としては、第3章3節1項を参照。

結　論

本書では、動物への倫理的な配慮の必要性を、当然のものとして示すことを目的としてきた。これまでになされてきた動物倫理の主要な議論は、特定の規範理論の立場の応用というアプローチをとる。それによって、その理論全体を受けいれなければ、動物への配慮の必要性は説得力をもたなくなるということ、そして、動物への倫理的配慮が本当に必要だと理解するための土台が現実には不十分なままであることに注意が払われにくくなるということが懸念として生じうる。こうした議論状況が、動物への配慮の必要性が当然のものとして受けいれられるということを妨げる要因になっていると考えられる。こうした困難を回避するために、本書では、第一に、特定の理論的枠組みにとらわれることなく、動物のもつ倫理的な重みをさまざまな観点から描くこと、第二に、動物にたいする配慮の必要性を、どの規範倫理の理論枠組みからも認めうるような、倫理をめぐる基礎的な理解から導くこと、第三に、動物が人間との関係のなかでもつようになった特徴にも注意を払うことで、私たちの実感に即した議論を展開すると同時に、人間が動物にたいしてどのような姿勢で向かい合うべきであるのかを検討することという、三つの課題に主に取り組んできた。

第一の課題において本書で重視したのは、人間がペット動物との関係を築くなかで得てきた動物理解である。つまり、動物にたいして、苦痛を感じるだけでなく、喜びを感じ、何かを楽しみ、体が弾んでしまうほど何かを期待し、誰かにたいして強い愛着を感じるといった、豊かな内面をもつ存在として理解することが、動物への配慮を当然のものとして受けいれるために重要になる。ペット動物との関係で得られたこうした理解は、動物について、特定の目的のもとで理解するような見方の影響を受けず、動物にたいして倫理的であろうとする関係のなかで得られる理解であるため、動物への倫理的配慮にとって土台になるような動物理解となる。

このとき、動物のもつ豊かな内面を理解し、それを受けいれうるような関係を、動物との間にもたない人が多くいるという事実にも注意を払う必要がある。本書では、ペット動物を助けるために活動する人のもつ動物理解に触れること、あるいは、動物の内面や人間と動物の関係を描く文学作品を読むことがもつ意義を指摘した。

第二の課題については、人間の優先性をかなりの程度認めてもなお、動物をめぐってなされているさまざまな実践から動物を守るための実質的な改革が求められることになると論じる、T・ザミールの議論を参照した。ザミールの議論は、私たちがすでにもっており、それに反論することが困難であるような、倫理に関する基本的な信念から動物への配慮の必要性を導く点で、動物への配慮の必要性を当然のものとして論じるための有力なアプローチになると考えられる。

第三の課題については、動物への配慮の必要性を当然のものとすることを妨げてしまうような考えに注目しながら論じた。つまり、特に家畜動物にたいしていだかれがちである、最後には食用に殺されることがその動物の生だという、動物をある利用の目的のもとにおいてのみ見る理解である。本書では、「〜としての」動物という観点を導入することで、動物にたいする見方がもつ倫理的な含意に意識的になるべきであることを指摘した。つまり、動物のもつ内面的な豊かさといった理解を打ち消す仕方でもつ、動物を利用目的のもとでのみ見るという理解は、人間を奴隷として見ることと類比的であり、許容されるものではない。また、「〜としての」動物という観点は、対象が野生動物である場合と家畜化された動物である場合に考えられる、私たちがかれらと向かい合う姿勢の違いも説明することができる。つまり、家畜動物やペット動物といった家畜化された動物は、その生の成立自体に人間の存在を前提している点で、人間の援助を受けて人間と共に生きることがその本性となっている存在である。そのことが、家畜化された動物のもつ利害やニーズにたいする私たちの理解を変える。

動物についてのこのような理解を得たうえでなお、動物への倫理的配慮の必要性や、現状の実質的な改革の必要性を受けいれないのならば、ザミールも論じるように、それを受けいれない側が、その理由を説得的な仕方で示す必要があるだろう。おそらく、動物をめぐる現実の状況のなかには、どのように対応するべきかを判断することが困難であるような問題がいくつも残されている。しかし、序論でも述べたように、そうした問題は、動物倫理における応用倫理の問題なのであり、その解決が難しいからといって、動物倫理の議論そのものが疑わしいものになってしまうわけではない。難民をめぐる問題や安楽死の是非をめぐる問題などが、それにどう答えるべきかについての明確な解答を得られていないからといって、人間への配慮の必要性自体を疑うべきでないのと同様に、動物をめぐるさまざまな実践的問題にたいする解決が提出されなければ動物への配慮の必要性自体を受けいれないという姿勢は、倫理的に誠実な態度とは言えないだろう。

あとがき

本書は、すでに公表したいくつかの論文を再構成し大幅に加筆して作成された博士論文（題目「動物の倫理的重みと人間の責務――動物倫理の方法と課題」）および、博士論文提出後に公表した論文をもとに、さらに加筆・修正を施したものです。

本書のもととなった各論文の初出情報は以下の通りです。

第2章「人間の向けるべき態度」

・第1節「ニーズ論」：初出タイトル「動物のニーズのもつ道徳的重要性」千葉大学大学院人文社会科学研究科、千葉大学大学院人文社会科学研究科研究プロジェクト報告書『「人」概念の再検討』第二八五集、五三―六九頁、二〇一五年。

・第2節「徳倫理」：初出タイトル「動物の繁栄した生と動物への配慮――R・L・ウォーカーの議論を中心に」千葉大学大学院人文社会科学研究科、千葉大学大学院人文社会科学研究科研究プロジェクト報告書『子どものための哲学教育研究』第二五五集、五三―六八頁、二〇一三年。

第4章「動物をめぐる理解とその受容」

・第2節「動物倫理と文学」：初出タイトル「動物倫理における文学の役割」日本倫理学会『倫理学年報』第六三集、二三一―二四四頁、二〇一四年。

第5章「T・ザミールの議論」

・第2節「ザミールの議論」：初出タイトル「動物倫理と広く共有された道徳的信念――ザミールの種差別主義的解放論をめぐる考察」千葉大学大学院人文社会科学研究科、千葉大学大学院人文社会科学研究科紀要『人文社会科学研究』第二八号、一六二―一七七頁、二〇一四年。

第7章「動物の法的権利と福利」

初出タイトル「動物の権利と福祉――哲学的議論の役割と法的議論」日本法哲学会『法多元主義――グローバル化の中の法（法哲学年報二〇一八）』一八五―一九六頁、二〇一九年。

博士論文を提出した二〇一七年から本書の刊行まで、長い年月が過ぎてしまいました。その間にも、動物倫理に関する学術的な論文や書籍、入門書が複数出版されています。本書ではそれらに関していくらかの補足は加えたものの、社会的な状況や著者自身の状況の変化など予期せぬさまざまな事情の影響もあり、最新の議論を反映できていない点があることは否めません。私自身が公表した論文としても、本書に組みいれることはせず、注での参照にとどめたものが複数あります。しかしそれは、本書の内容が、それを加味してもなお十分に提示する価値のあるものだと信じるからでもあります。本書が、読者のみなさまにとっても、また動物倫理という学問領域にとっても、価値あるものとなることを願っています。

本書の刊行にあたって、まずは学部生の頃から博士課程まで、ずっとご指導くださった高橋久一郎先生に心から感謝申し上げます。自分の問題関心をはっきりさせられずにいた私が迷宮に迷いこまないように、かといって別の立場に引っ張られることもないように、「自分が本当に言いたいこと」にたどり着けるようにと見守り、導いてくださいました。先生でなければ、私は続けられなかったと思います。

本書のもととなった学位論文やその一部となっている各論文にたいしては、たくさんの方からコメントをいただきました。大学院生の頃に行った学会発表でコメントをくださった方々など、すべての方のお名前を挙げることはかないませんが、この場をお借りしてお礼申し上げます。特に、副指導教員となってくださった忽那敬三先生や、博士論文の審査にあたって副査を引き受けてくださった嶋津格先生、故上村清雄先生には、数々のご指摘をいただくとともに、温かいご指導をいただきました。博士論文提出後に検討会を開いてくださった伊勢田哲治先生や鶴田尚美先生からは示唆に富むご指摘をいただき、自身の課題に気づくことができました。著者の力不足ゆえに、せっかくいただいたご指摘を反映させられなかった点が多々あることが悔やまれます。私が大学院生になって初めて研究会で発表をした際にコメントをしてくださった成田和信先生は、その縁もあって、日本学術振興会特別研究員の受入研究者をお引き受けくださり、親身になってきめ細かなアドバイスをしてくださいました。同じく学会や研究会などでお世話になった浅野幸治先生からは、学会ワークショップの登壇者としてお誘いいただくなど、継続的にお力添えをいただいています。みなさまに深く感謝いたします。また、同じ千葉大学の学生時代から、勉強会・研究会でのディスカッションを通して、本書のもとになっている多くの原稿について、アイデアを練り上げる手助けをしてくれた吉沢文武氏に、改めてお礼申し上げます。

最後に、本書の刊行は、勁草書房の橋本晶子氏のお力添えにより可能となりました。いつも迅速にご対応くださり感謝いたします。

※本書の一部は、ＪＳＰＳ科研費JP19K12939、JP21J00810の助成を受けたもので、本書の出版にあたってはＪＳＰＳ科研費JP24HP5016による助成を受けています。

二〇二四年夏

著　者

著者略歴
2017年　千葉大学大学院人文社会科学研究科博士後期課程修了，博士（文学）。東京医療保健大学非常勤講師，東邦大学非常勤講師，千葉大学アカデミック・リンク・センター特任助教，日本学術振興会特別研究員PDなどを経て，
現　在　長崎大学教育学部助教。
論　文　「動物倫理における文学の役割」（『倫理学年報』第63集，2014年），「動物の権利と福祉――哲学的議論の役割と法的議論」（『法多元主義――グローバル化の中の法（法哲学年報2018）』2019年）等。

動物のもつ倫理的な重み
最小主義から考える動物倫理

2024年11月20日　第1版第1刷発行

著　者　久保田《くぼた》さゆり
発行者　井　村　寿　人

発行所　株式会社　勁《けい》　草《そう》　書　房

112-0005　東京都文京区水道2-1-1　振替　00150-2-175253
（編集）電話　03-3815-5277／FAX　03-3814-6968
（営業）電話　03-3814-6861／FAX　03-3814-6854
大日本法令印刷・牧製本

ISBN978-4-326-10344-7　Printed in Japan

事項索引

な　行

は　行

や　行

ら　行

人名索引

あ　行

アールトラ，E.（Elisa Aaltola）　118, 119, 131
青木人志　230, 231, 239
アリストテレス（Aristotle）　53-55, 59
アンスコム，G. E. M.（G. E. M. Anscombe）　45
伊勢田哲治　239
ウィギンズ，D.（David Wiggins）　39, 41-43, 45, 48, 68
ウェブスター，J.（John Webster）　95
ウォーカー，R. L.（Rebecca L. Walker）　53-60, 71, 72, 76
打越綾子　2, 4, 99
エプスタイン，R. A.（Richard A. Epstein）　239

か　行

カーラザース，P.（Peter Carruthers）　94
カント，I.（Immanuel Kant）　94, 153, 154
クーパー，D. E.（David E. Cooper）　219
クッツェー，J. M.（J. M. Coetzee）　110, 116-18
グルーエン，L.（Lori Gruen）　25, 169
コーエン，C.（Carl Cohen）　94, 168
コーエン，T.（Ted Cohen）　110, 115, 131, 132
コクラン，A.（Alasdair Cochrane）　179, 181, 211, 238
コップ，D.（David Copp）　39-41, 43, 46, 50, 51, 70, 71

さ　行

ザミール，T.（Tzachi Zamir）　vii, 110-15, 119, 120, 122, 130, 131, 133, 138, 142-66, 168, 171, 172, 187, 189, 194-97, 212, 213, 222, 223, 233, 242, 243
シートン，E. T.（Ernest T. Seton）　121, 123
ジョイ，M.（Melanie Joy）　vii
ジョーンズ，W. E.（Ward E. Jones）　113, 118, 119, 131
シンガー，P.（Peter Singer）　6-12, 15, 22, 23, 77, 79, 131, 136-39, 150, 167, 169, 226, 238, 239

た　行

ダイアモンド，C.（Cora Diamond）　128, 169, 220
デカルト，R.（René Descartes）　113, 153
どいかや　103, 130, 205
トゥーリー，M.（Michael Tooley）　11
トウェイン，M.（Mark Twain）　131
ドゥオーキン，R.（Ronald Dworkin）　238
ドゥグラツィア，D.（David DeGrazia）　81-83, 94, 220, 226
トムソン，G.（Garrett Thomson）　40, 41, 43, 45, 46, 48-50, 69, 70
友森玲子　100

とりごえまり　221

な　行

ヌスバウム，M. C.（Martha C. Nussbaum）　112, 114, 120
ノージック，R.（Robert Nozick）　35, 74, 94

は　行

ハーストハウス，R.（Rosalind Hursthouse）　53, 60, 63-67, 72, 76, 175, 200, 201
バーチ，R. L.（Rex L. Burch）　168
パーマー，C.（Clare Palmer）　182, 185, 220, 222
バーンスタイン，M.（Mark Bernstein）　167
ハリソン，R.（Ruth Harrison）　79
バルコム，J.（Jonathan Balcombe）　88-91, 95, 106, 122
プラトン（Platon）　30
フランクファート，H. G.（Harry G. Frankfurt）　68
フランシオン，G. L.（Gary L. Francione）　180, 181, 200, 204, 211, 222, 229-31, 234, 238
ブロディ，B. A.（Baruch A. Brody）　145
ヘア，R. M.（Richard M. Hare）　166
ポズナー，R. A.（Richard A. Posner）　230, 231, 239
ボック，H.（Hilary Bok）　183, 185
ポッゲ，T.（Thomas Pogge）　220

ま　行

マルホール，S.（Stephen Mulhall）　131
椋鳩十　121, 124
森達也　3

ら　行

ライダー，R. D.（Richard D. Ryder）　138
ラッセル，W. M. S.（William M. S. Russell）　168
リーダー，S.（Soran Reader）　40, 43, 44, 47-49, 52, 70, 220
レイチェルズ，J.（James Rachels）　167
レーガン，T.（Tom Regan）　12-15, 23, 34, 81, 131, 139-41, 150, 200, 226
ローランズ，M.（Mark Rowlands）　61, 166
ローリン，B. E.（Bernard E. Rollin）　151, 167, 227-31, 234
ロンドン，ジャック（Jack London）　121, 123

わ　行

ワイズ，S. M.（Steven M. Wise）　230, 239

文献表

Aaltola, Elisa, "Coetzee and Alternative Animal Ethics," in A. Leist and P. Singer eds., *J. M. Coetzee and Ethics: Philosophical Perspectives on Literature*, Columbia University Press, 2010, pp. 119–144.

Anscombe, G. E. M., "Modern Moral Philosophy," in *The Collected Philosophical Papers of G. E. M. Anscombe Vol. 3: Ethics, Religion and Politics*, Basil Blackwell, 1981, pp. 26–42.〔生野剛志訳「現代道徳哲学」大庭健編・古田徹也監訳『現代倫理学基本論文集Ⅲ』勁草書房、2021 年、141–181 頁。〕

Balcombe, Jonathan, *Pleasurable Kingdom: Animals and the Nature of Feeling Good*, Macmillan, 2006.〔土屋晶子訳『動物たちの喜びの王国』インターシフト、2007 年。〕

Beauchamp, Tom L. and Raymond G. Frey eds., *The Oxford Handbook of Animal Ethics*, Oxford University Press, 2011.

Bekoff, Marc, *Strolling with our Kin: Speaking for and Respecting Voiceless Animals*, Lantern Books, 2000.〔藤原英司・辺見栄訳『動物の命は人間より軽いのか――世界最先端の動物保護思想』中央公論新社、2005 年。〕

Bernstein, Mark, "Speciesism and Loyalty," *Behavior and Philosophy* 19(1), 1991: 43–59.

Bernstein, Mark, "Neo-Speciesism," *Journal of Social Philosophy* 35(3), 2004: 380–390.

Black, Alan J. and Barry O. Hughes, "Patterns of Comfort Behaviour and Activity in Domestic Fowls: A comparison Between Cages and Pens," *British Veterinary Journal* 130(1), 1974: 23–33.

Boitani, Luigi, Francesco Francisci, Paolo Ciucci and Giorgio Andreoli, "Population Biology and Ecology of Feral Dogs in Central Italy," in J. Serpell ed., *The Domestic Dog: Its Evolution,*

Behaviour and Interactions with People, Cambridge University Press, 1995, pp. 217-244.〔森裕司監修、武部正美訳『犬——その進化、行動、人との関係』チクサン出版社、1999年。〕

Bok, Hilary, "Keeping Pets," in T. L. Beauchamp and R. G. Frey eds., *The Oxford Handbook of Animal Ethics*, Oxford University Press, 2011, pp. 769-795.

Brambell, F. W. Rogers, *Report of the Technical Committee to Enquire into the Welfare of Animals Kept under Intensive Livestock Husbandry Systems*, Her Majesty's Stationary Office, 1965.

Brody, Baruch A., "Defending Animal Research: An International Perspective," in E. F. Paul and J. Paul eds., *Why Animal Experimentation Matters: The Use of Animals in Medical Research*, Transaction Publishers, 2001, pp. 131-147.

Burgdorf, Jeffrey and Jaak Panksepp, "Tickling Induces Reward in Adolescent Rats," *Physiology & Behavior* 72(1-2), 2001: 167-173.

Cavell, Stanley, Cora Diamond, John McDowell, Ian Hacking and Cary Wolfe, *Philosophy and Animal Life*, Columbia University Press, 2008.〔中川雄一訳『〈動物のいのち〉と哲学』春秋社、2010年。〕

Cochrane, Alasdair, *Animal Rights without Liberation: Applied Ethics and Human Obligations*, Columbia University Press, 2012.

Cochrane, Alasdair, "Born in Chains? The Ethics of Animal Domestication," in L. Gruen ed., *The Ethics of Captivity*, Oxford University Press, 2014, pp. 156-173.

Coetzee, J. M., *The Lives of Animals*, Princeton University Press, 1999.〔森祐希子・尾関周二訳『動物のいのち』大月書店、2003年。〕

Cohen, Carl, "The Case for the Use of Animals in Biomedical Research," *The New England Journal of Medicine* 315(14), 1986: 865-870.

Cohen, Carl and Tom Regan, *The Animal Rights Debate*, Rowman & Littlefield Publishers, 2001.

Cohen, Ted, "Literature and Morality," in R. Eldridge ed., *The Oxford Handbook of Philosophy and Literature*, Oxford University Press, 2009, pp. 486-495.

Cooper, David E., "Animals, Attitudes and Moral Theories," in I. J. Kidd and L. McKinnell eds., *Science and the Self: Animals, Evolution, and Ethics: Essays in Honour of Mary Midgley*, Routledge, 2016, pp. 19-30.

Copp, David, *Morality, Normativity, and Society*, Oxford University Press, 1995.

Copp, David, "Animals, Fundamental Moral Standing, and Speciesism," in T. L. Beauchamp and R. G. Frey eds., *The Oxford Handbook of Animal Ethics*, Oxford University Press, 2011, pp. 276-303.

Carruthers, Peter, *The Animals Issue: Moral Theory in Practice*, Cambridge University Press, 1992.

Cushman, Fiery, "Aping Ethics: Behavioral Homologies and Nonhuman Rights," in M. D. Hauser, F. Cushman and M. Kamen eds., *People, Property, or Pets?*, Purdue University Press, 2006, pp. 105-117.

DeGrazia, David, *Animal Rights: A Very Short Introduction*, Oxford University Press, 2002.〔戸田清訳『動物の権利』岩波書店、2003年。〕

DeGrazia, David, "The Ethics of Confining Animals: From Farms to Zoos to Human Homes," in T. L. Beauchamp and R. G. Frey eds., *The Oxford Handbook of Animal Ethics*, Oxford University Press, 2011, pp. 738-768.

Diamond, Cora, "Eating Meat and Eating People," in C. R. Sunstein and M. C. Nussbaum eds., *Animal Rights: Current Debates and New Directions*, Oxford University Press, 2004, pp. 93-107.〔横大道聡訳「肉食と人食」安部圭介・山本龍彦・大林啓吾監訳『動物の権利』尚学社、2013年、125-147頁。〕

Diamond, Cora, "The Difficulty of Reality and the Difficulty of Philosophy," in S. Cavell, C. Diamond, J. McDowell, I. Hacking and Cary Wolfe, *Philosophy and Animal Life*, Columbia Univer-

sity Press, 2008, pp. 43–89.〔「現実のむずかしさと哲学のむずかしさ」中川雄一訳『〈動物のいのち〉と哲学』春秋社、2010 年、77–131 頁。〕

Donovan, Josephine and Carol J. Adams, *The Feminist Care Tradition in Animal Ethics: Reader*, Columbia University Press, 2007.

Dworkin, Ronald, "Rights as Trumps," in J. Waldron ed., *Theories of Rights*, Oxford University Press, 1984, pp. 153–167.

Engel Jr., M., "The Commonsense case for Ethical Vegetarianism," *Between the Species* 19, 2016: 2–31.

Epstein, Richard A., "Animal as Objects, or Subjects, of Rights," in C. R. Sunstein and M. C. Nussbaum eds., *Animal Rights: Current Debates and New Directions*, Oxford University Press, 2004, pp. 143–161.〔安部圭介訳「権利の客体または主体としての動物」安部圭介・山本龍彦・大林啓吾監訳『動物の権利』尚学社、2013 年、192–220 頁。〕

Fagan, Brian, *The Intimate Bond: How Animals Shaped Human History*, Bloomsbury Publishing, 2015.〔東郷えりか訳『人類と家畜の世界史』河出書房新社、2016 年。〕

Francione, Gary L., *Animals, Property, and the Law*, Temple University Press, 1995.

Francione, Gary L., *Introduction to Animal Rights: Your Child or the Dog?*, Temple University Press, 2000.〔井上太一訳『動物の権利入門――わが子を救うか、犬を救うか』緑風出版、2018 年。〕

Francione, Gary L., "Animal Rights and Domesticated Nonhumans," January 10, 2007〈http://www.abolitionistapproach.com/animal-rights-and-domesticated-nonhumans/〉(アクセス 2015 年 9 月 10 日).

Francione, Gary L., *Animals as Persons: Essays on the Abolition of Animal Exploitation*, Columbia University Press, 2008.

Francione, Gary L., "'Pets': The Inherent Problems of Domestication," July 31, 2012〈http://www.abolitionistapproach.com/pets-the-inherent-problems-of-domestication/〉(アクセス 2015 年 8 月 17 日).

Frankfurt, Harry G., "Necessity and Desire," in G. Brock ed., *Necessary Goods: Our Responsibilities to Meet Other's Needs*, Rowman & Littlefield Publishers, 1998, pp. 19-32.

Freeden, Michael, *Rights*, Open University Press, 1991.〔玉木秀敏・平井亮輔訳『権利』昭和堂、1992 年。〕

Gruen, Lori, *Ethics and Animals: An Introduction*, Cambridge University Press, 2011.〔河島基弘訳『動物倫理入門』大月書店、2015 年。〕

Hare, Brian, Michelle Brown, Christina Williamson and Michael Tomasello, "The Domestication of Social Cognition in Dogs," *Science* 298(5598), 2002: 1634-1636.

Hare, R. M., *Moral Thinking: Its Levels, Method, and Point*, Oxford University Press, 1981.〔内井惣七・山内友三郎監訳『道徳的に考えること――レベル・方法・要点』勁草書房、1994 年。〕

Harrison, Ruth, *Animal Machines: The New Factory Farming Industry*, Vincent Stuart Publishers, 1964.〔橋本明子・山本貞夫・三浦和彦訳『アニマル・マシーン――近代畜産にみる悲劇の主役たち』講談社、1979 年。〕

Herzog, Harold, *Some We, Some We Hate, Some We Eat: Why It's So Hard to Think Straight about Animals*, HarperCollins Publishers, 2010.〔山形浩生・守岡桜・森本正史訳『ぼくらはそれでも肉を食う――人と動物の奇妙な関係』柏書房、2011 年。〕

Hohfeld, Wesley N., *Fundamental Legal Conceptions as Applied in Judicial Reasoning: And Other Legal Essays*, W. W. Cook ed., Yale University Press, 1923.

Hursthouse, Rosalind, "Virtue Theory and Abortion," *Philosophy and Public Affairs*, 20(3), 1991, reprinted in R. Crisp and M. Slote eds., *Virtue Ethics*, Oxford University Press, 1997, pp. 217-238.〔林誓雄訳「徳理論と妊娠中絶」江口聡編・監訳『妊娠中絶の生命倫理――哲学者たちは何を議論したか』勁草書房、2011 年、215-247 頁。〕

Hursthouse, Rosalind, *On Virtue Ethics*, Oxford University Press, 1999.

〔土橋茂樹訳『徳倫理学について』知泉書館、2014 年。〕

Hursthouse, Rosalind, *Ethics, Humans and Other Animals: An Introduction with Readings*, Routledge, 2000.

Hursthouse, Rosalind, "Applying Virtue Ethics to Our Treatment of the Other Animals," in J. Welchman ed., *The Practice of Virtue Classic and Contemporary Readings in Virtue Ethics,* Hackett Publishing, 2006, pp. 136–155.

Johannsen, Kyle, *Wild Animal Ethics*, Routledge, 2020.

Jones, Ward E., "Elizabeth Costello and the Biography of the Moral Philosopher," *The Journal of Aesthetics and Art Criticism* 69(2), 2011: 209–220.

Joy, Melanie, *Why We Love Dogs Eat Pigs and Wear Cows: An Introduction to Carnism*, Conari Press, 2010.〔玉木麻子訳『私たちはなぜ犬を愛し、豚を食べ、牛を身にまとうのか――カーニズムとは何か』青土社、2022 年。〕

Loughnan, Steve, Bratanova, Bpyka Antonova and Puvia, Eliza, "The Meat Paradox: How Are We Able to Love Animals and Love Eating Animals," *In Mind* 1, 2012: 15–18.

Miklósi, Ádam, Péter Pongrácz, Gabriella Lakatos, József Topál and Vilmos Csányi, "A Comparative Study of the Use of Visual Communicative Signals in Interactions Between Dogs (Canis familiaris) and Humans and Cats (Felis catus) and Humans," *Journal of Comparative Psychology* 119(2), 2005: 179–186.

Miller, Sarah Clark, *The Ethics of Need: Agency, Dignity, and Obligation*, Routledge, 2012.

Milligan, Tony, "Animals and the Capacity for Love," in C. Maurer, T. Milligan and K. Pacovská, eds., *Love and its Objects: What Can We Care for?*, Palgrave Macmillan, 2014, pp. 211–225.

Monsó, Susana, "How to Tell If Animals Can Understand Death," *Erkenn* 87(1), 2022: 117–136.

Mulhall, Stephen, *The Wounded Animal: J. M. Coetzee and the Difficulty of Reality in Literature and Philosophy*, Princeton University Press, 2009.

Nozick, Robert, *Anarchy, State, and Utopia*, Basic Books, 1974.〔嶋津格訳『アナーキー・国家・ユートピア――国家の正当性とその限界』木鐸社、1992 年。〕

Nussbaum, Martha C., *Love's Knowledge: Essays on Philosophy and Literature*, Oxford University Press, 1990.

Nutter, Felicia B., Jay F. Levine and Michael K. Stoskopf, "Reproductive Capacity of Free-Roaming Domestic Cats and Kitten Survival Rate," *Journal of the American Veterinary Medical Association* 225(9), 2004: 1399-1402.

Palmer, Clare, "The Moral Relevance of the Distinction between Domesticated and Wild Animals," in T. L. Beauchamp and R. G. Frey eds., *The Oxford Handbook of Animal Ethics*, Oxford University Press, 2011, pp. 701-725.

Palmer, Clare, Sandra Corr and Peter Sandøe, "Inconvenient Desires: Should We Routinely Neuter Companion Animals?," *Anthrozoös* 25 (Supp), 2012: 153-172.

Palmer, Clare, "Value Conflicts in Feral Cat Management: Trap-Neuter-Return or Trap-Euthanize?," in M. C. Appleby, D. M. Weary and P. Sandøe eds., *Dilemmas in Animal Welfare*, CAIB, 2014, pp. 148-168.

Palmer, Clare, "The Value of Wild Nature: Comments on Kyle Johannsen's *Wild Animal Ethics*," Philosophia 50(3), 2021: 853-863.

Pogge, Thomas, *World Poverty and Human Rights*, 2nd Edition, Polity, 2008.〔立岩真也監訳『なぜ遠くの貧しい人への義務があるのか――世界的貧困と人権』生活書院、2010 年。〕

Posner, Richard A., "Animal Rights (reviewing Steven M. Wise, Rattling the Cage: Toward Legal Rights for Animals (2000))," 110 *Yale Law Journal* 527, 2000: 527-541.

Posner, Richard A., "Animal Rights: Legal, Philosophical, and Pragmatic Perspectives," in C. R. Sunstein and M. C. Nussbaum eds., *Animal Rights: Current Debates and New Directions*, Oxford University Press, 2004, pp. 51-77.〔山本龍彦訳「動物の権利法的、哲学的、そしてプラグマティックな観点」安部圭

介・山本龍彦・大林啓吾監訳『動物の権利』尚学社、2013年、67-103頁。〕

Rachels, James, “Drawing Lines”, in C. R. Sunstein and M. C. Nussbaum eds., *Animal Rights: Current Debates and New Directions*, Oxford University Press, 2004, pp. 162-174.〔上本昌昭訳「境界線を引くこと」、安部圭介・山本龍彦・大林啓吾監訳『動物の権利』尚学社、2013年、221-239頁。〕

Reader, Soran, “Does a Basic Needs Approach Need Capabilities?,” *The Journal of Political Philosophy* 14(3), 2006: 337-350.

Reader, Soran, *Needs and Moral Necessity*, Routledge, 2007.

Regan, Tom, *Animal Rights, Human Wrongs: An Introduction to Moral Philosophy*, Rowman & Littlefield, 2003.〔井上太一訳『動物の権利・人間の不正――道徳哲学入門』緑風出版、2022年。〕

Regan, Tom, *The Case for Animal Rights*, 2nd Edition, University of California Press, 2004.

Rollin, Bernard E., *Animal Rights and Human Morality*, 3rd Edition, Prometheus Books, 2006.

Rowlands, Mark, *Animal Rights: Moral Theory and Practice,* 2nd Edition, Palgrave Macmillan, 2009.

Rowlands, Mark, *Animal Rights: All That Matters*, Hodder & Stoughton, 2013.

Russell, William M. S. and Burch, Rex L. *The Principle of Humane Experimental Technique*, Methuen, 1959.〔笠井憲雪訳『人道的な実験技術の原理――動物実験技術の基本原理3Rの原点』アドスリー、2012年。〕

Ryder, Richard D., *Victims of Science: The Use of Animals in Research*, 2nd Edition, National Anti-Vivisection Society Limited, 1983.

Sandøe, Peter, Sandra Corr and Clare Palmer, *Companion Animal Ethics*, Wiley-Blackwell, 2016.

Serpell, James A., “Domestication and History of the Cat,” in D. C. Turner and P. Bateson, *The Domestic Cat: The Biology of its Behaviour*, 3rd Edition, Cambridge University Press,

2014, pp. 83-100.

Singer, Peter, *One World: The Ethics of Globalization,* 2nd Edition, Yale University Press, 2004.〔山内友三郎・樫則章監訳『グローバリゼーションの倫理学』昭和堂、2005 年。〕

Singer, Peter, *Animal Liberation: The Definitive Classic of the Animal Movement,* HarperCollins Publishers, 2009.〔戸田清訳『動物の解放［改訂版］』人文書院、2011 年。〕

Singer, Peter, *Practical Ethics,* 3rd Edition, Cambridge University Press, 2011.〔山内友三郎・塚崎智監訳『実践の倫理［新版］』昭和堂、1999 年。邦訳書は第 2 版に基づく。〕

Thomson, Garrett, "Fundamental Needs," in S. Reader ed., *The Philosophy of Need,* Cambridge University Press, 2005, pp. 175-186.

Tooley, Michael, *Abortion and Infanticide,* Oxford University Press, 1983.

Takaoka, Akiko, Maeda Tomomi, Hori Yusuke and Fujita Kazuo, "Do Dogs Follow Behavioral Cues from an Unreliable Human?," *Animal Cognition* 18(2), 2015: 475-483.

Vigne, Jean-Denis, Jean Guilaine, Karyne Debue, Laurent Haye and Patrice Gérard, "Early taming of the cat in Cyprus," Science 304(5668), 2004: 259.

Walker, Rebecca L., "The Good Life for Non-Human Animals: What Virtue Requires of Humans," in R. L. Walker and P. J. Ivanhoe eds., *Working Virtue: Virtue Ethics and Contemporary Moral Problems,* Oxford University Press, 2007, pp. 173-189.

Webster, John, *Animal Welfare: A Cool Eye towards Eden,* Blackwell, 1994.

Wiggins, David, *Needs, Values, Truth: Essays in the Philosophy of Value,* 3rd Edition, Oxford University Press, 1998a.〔大庭健・奥田太郎編監訳『ニーズ・価値・真理――ウィギンズ倫理学論文集』（原著改訂第 3 版・抄訳）勁草書房、2014 年。〕

Wiggins, David, "What Is the Force of the Claim That One Needs Something?" in G. Brock ed., *Necessary Goods,* Rowman & Littlefield Publishers, 1998b, pp. 33-55.

Wise, Steven M., *Rattling the Cage: Toward Legal Rights for Animals*, Perseus Books, 2000.

Wise, Steven M., "Animal Rights, One Step at a Time," in C. R. Sunstein and M. C. Nussbaum eds., *Animal Rights: Current Debates and New Directions*, Oxford University Press, 2004, pp. 19-50.〔横大道聡訳「動物の権利、一歩ずつ着実に」、安部圭介・山本龍彦・大林啓吾監訳『動物の権利』尚学社、2013年、23-66頁。〕

Zamir, Tzachi, "An Epistemological Basis for Linking Philosophy and Literature," *Metaphilosophy* 33(3), 2002: 321-336.

Zamir, Tzachi, *Ethics and the Beast: A Speciesist Argument for Animal Liberation*, Princeton University Press, 2007.

Zamir, Tzachi, "Literary Works and Animal Ethics," in T. L. Beauchamp and R. G. Frey eds., *The Oxford Handbook of Animal Ethics*, Oxford University Press, 2011, pp. 932-955.

青木人志『動物の比較法文化――動物保護法の日欧比較』有斐閣、2002年。

青木人志『日本の動物法』東京大学出版会、2009年a。

青木人志「動物は『物』なのか？」『UP』第38巻第11号、2009年b、6-11頁。

青木人志「アニマル・ライツ――人間中心主義の克服？」『講座 人権の再定位2――人権の主体』愛敬浩二編、法律文化社、2010年、238-256頁。

青木人志「現代日本社会におけるペット問題と法――我が国の動物法はいまどこにいるのか（特集ペットをめぐる法的現状と課題）」『法律のひろば』第64巻第8号、2011年、4-10頁。

青木人志『日本の動物法［第2版］』東京大学出版会、2016年。

アリストテレス『ニコマコス倫理学』朴一功訳、京都大学学術出版会、2002年。

伊勢田哲治『動物からの倫理学入門』名古屋大学出版会、2008年。

伊勢田哲治「感傷性の倫理学的位置づけ」『倫理学的に考える――倫理学の可能性をさぐる十の論考』勁草書房、2012年、281-308頁。

伊勢田哲治「動物への倫理的配慮」『動物福祉の現在――動物とのより良い関係を築くために』上野吉一・武田庄平編著、農林統計出版、2015 年、3-15 頁。

打越綾子『日本の動物政策』ナカニシヤ出版、2016 年。

枝廣淳子『アニマルウェルフェアとは何か――倫理的消費と食の安全』岩波書店、2018 年。

太田京子『100 グラムのいのち――ペットを殺処分から救う奇跡の手』岩崎書店、2012 年。

太田匡彦『犬を殺すのは誰か――ペット流通の闇』朝日新聞出版、2013 年。

太田匡彦「ペットの売買について――伴侶動物」『動物のいのちを考える』高槻成紀編著、朔北社、2015 年、11-105 頁。

太田匡彦『「奴隷」になった犬、そして猫』朝日新聞出版、2019 年。

大森美香「肉食行為の心理学」『肉食行為の研究』野林厚志編、平凡社、2018 年、335-363 頁。

河上正二『民法総則講義』日本評論社、2007 年。

環境省「ふやさないのも愛」（第 3 版）、2014 年〈https://www.env.go.jp/nature/dobutsu/aigo/2_data/pamph/h2209/full.pdf〉（アクセス 2015 年 9 月 28 日）。

環境省「犬・猫の引取り及び負傷動物の収容状況」2015 年〈https://www.env.go.jp/nature/dobutsu/aigo/2_data/statistics/dog-cat.html〉（アクセス 2015 年 9 月 28 日）。

環境省「私たちがつくるペットとのこれから」2021 年〈https://www.env.go.jp/nature/dobutsu/aigo/2_data/pamph/r0309.html〉（アクセス 2024 年 5 月 15 日）。

環境省「犬・猫の引取り及び負傷動物等の収容並びに処分の状況」2023 年〈https://www.env.go.jp/nature/dobutsu/aigo/2_data/statistics/dog-cat.html〉（アクセス 2024 年 5 月 15 日）。

カント、イマニュエル『カントの倫理学講義』パウル・メンツァー編、小西國夫・永野ミツ子訳、三修社、1971 年。

小粥太郎『民法の世界』商事法務、2007 年。

久保田さゆり「動物の繁栄した生と動物への配慮――R. L. ウォーカーの議論を中心に」千葉大学大学院人文社会科学研究科研究プ

ロジェクト報告書『子どものための哲学教育研究』千葉大学大学院人文社会科学研究科、第 255 集、2013 年、53-58 頁。

久保田さゆり「動物倫理と広く共有された道徳的信念——ザミールの種差別主義的解放論をめぐる考察」千葉大学大学院人文社会科学研究科紀要『人文社会科学研究』千葉大学大学院人文社会科学研究科、第 28 号、2014 年、162-177 頁。

久保田さゆり「動物倫理における文学の役割」『倫理学年報』第 63 集、2014 年、231-244 頁。

久保田さゆり「動物のニーズのもつ道徳的重要性」千葉大学大学院人文社会科学研究科研究プロジェクト報告書『「人」概念の再検討』千葉大学大学院人文社会科学研究科、2015 年、53-69 頁。

久保田さゆり「動物にたいする不必要な危害と工場畜産」『豊田工業大学ディスカッション・ペーパー』第 16 号、2018 年。

久保田さゆり「動物の権利と福祉——哲学的議論の役割と法的議論」『法多元主義——グローバル化の中の法（法哲学年報 2018）』2019 年、185-196 頁。

久保田さゆり「動物のウェルフェアをめぐる理解と肉食主義」『現代思想　特集＝肉食主義を考える』第 50 巻 7 号、2022 年、32-41 頁。

久保田さゆり「動物倫理の議論と道徳的地位の概念」『法の理論 39　特集《「動物の権利」論の展開》』2021 年、47-67 頁。

久保田さゆり「動物をめぐるウェルフェア論の問題と福利概念の役割」『人文公共学研究論集』第 48 号、2024 年、109-124 頁。

黒澤泰『「地域猫」のすすめ——ノラ猫と上手につきあう方法』文芸社、2005 年。

佐藤衆介『アニマルウェルフェア——動物の幸せについての科学と倫理』東京大学出版会、2005 年。

佐藤衆介「生きているウシ・ブタ・ニワトリについて思いを馳せてみませんか」打越綾子編『人と動物の関係を考える——仕切られた動物観を超えて』（第 2 章）ナカニシヤ出版、2018 年。

シートン、アーネスト・T.『野生動物の生きかた（シートン動物記 3)』集英社、1972 年。

嶋津格「実験動物の法的・倫理的位置と実験目的によるヒト由来物の利用」『バイオバンク構想の法的・倫理的検討——その実践と

人間の尊厳』町野朔・雨宮浩編、上智大学出版、2009 年、41-59 頁。

杉本彩『それでも命を買いますか？——ペットビジネスの闇を支えるのは誰だ』ワニブックス、2016 年。

杉本彩『動物たちの悲鳴が聞こえる——続・それでも命を買いますか？』ワニブックス、2020 年。

田中成明『法理学講義』有斐閣、1994 年。

田名部雄一「家禽」『品種改良の世界史・家畜篇』正田陽一編、悠書館、2010 年、367-437 頁。

角田健司「羊」『品種改良の世界史・家畜篇』正田陽一編、悠書館、2010 年、257-291 頁。

どいかや「ペットショップにいくまえに」2010 年〈http://bikke.jp/pet-ikumae/〉（アクセス 2024 年 5 月 15 日）。

どいかや『ちっぽけ村に、ねこ 10 ぴきと。——絵本作家の森ぐらし』白泉社、2011 年。

トウェイン、マーク『ハックルベリー・フィンの冒険 上・下』西田実訳、岩波書店、1977 年。

東京都福祉保健局動物愛護相談センター 2014 統計資料〈http://www.fukushihoken.metro.tokyo.jp/douso/shiryou/toriatsukai.html〉（アクセス 2016 年 9 月 11 日）。

とりごえまり「ネコの種類のおはなし」2011 年〈https://torigoe-mari.net/dl.html〉（アクセス 2024 年 5 月 15 日）。

新村毅編『動物福祉学』昭和堂、2022 年。

日本動物園水族館協会「（公社）日本動物園水族館協会の 4 つの役割」n.d.〈https://www.jaza.jp/about-jaza/four-objectives〉（アクセス 2024 年 5 月 10 日）。

長谷部恭男『憲法［第 5 版］（新法学ライブラリ 2）』新世社、2011 年。

藤崎童士『殺処分ゼロ——先駆者・熊本市動物愛護センターの軌跡』三五館、2011 年。

プラトン『国家（下）』藤沢令夫訳、岩波書店、1979 年。

古澤美映「動物実験の倫理と動物法研究」『人文社会科学研究』千葉大学大学院人文社会科学研究科紀要第 20 号、2010 年、207-220 頁。

椋鳩十『マヤの一生』大日本図書、1970 年。

森達也『いのちの食べかた』理論社、2004 年。

山本葉子・松村徹『猫を助ける仕事――保護猫カフェ、猫付きシェアハウス』光文社、2015 年。

ロンドン、ジャック『白い牙』改版、白石佑光訳、新潮社、1958 年。

渡辺眞子（文）・どいかや（絵）・赤井由絵（音楽）・坂本美雨（朗読）・しんばるしんた（アニメーション）『ハルの日』2011 年〈https://www.youtube.com/watch?v=-IX4q5SKcaY〉（アクセス 2024 年 5 月 10 日）。

渡辺眞子（文）・どいかや（絵）『ハルの日』復刊ドットコム、2018 年。